Zwischen ihrem Erstflug am 30. Juni 1968 und jenem der Antonow An-124 im Dezember 1982 war die »Galaxy« das größte in Serie gebaute Flugzeug der Welt. Im Bild die modernisierte Version C-5M mit wirtschaftlicheren Triebwerken. (Foto: © Staff Sgt. Nicole Leidholm, U.S. Air Force)

VORWORT

SUPERFLUGZEUGE WELTWEIT

Der Traum vom Fliegen ist so alt wie die Menschheit selbst. In der griechischen Mythologie flogen Dädalus und Ikarus aus ihrer kretischen Gefangenschaft in die Freiheit, bis Ikarus in den Tod stürzte nachdem er der Sonne zu nahe kam und die von seinem Vater aus Wachs und Federn geformten Flügel zu schmelzen begannen. Der in den Erzählungen des Homer überlieferte ‚Fall des Ikarus' inspirierte Generationen von weltberühmten Künstlern zu Skulpturen und Gemälden. Etwa zur gleichen Zeit als Homer in Griechenland die Ikarus-Mythologie erdachte flogen in China bereits die ersten Drachen im Wind – allerdings noch ohne einen Menschen in die Höhe zu tragen. Ein Traum mussten im 15. Jahrhundert auch die sehr detailliert ausgearbeiteten zu ihrer Zeit jedoch technisch nicht zu verwirklichenden Flugapparate des Leonardo da Vinci bleiben – darunter Hubschrauber und Segelflugzeuge. Die Welt aus der Vogelperspektive zu sehen war daher erstmals den Gebrüdern Montgolfier vergönnt, deren von heißer Luft in den Himmel getriebener Ballon am 19. Oktober 1783 den ersten Menschen in die Höhe steigen ließ.

Erst Otto Lilienthal vollbrachte fast zweihundert Jahre später, wovon die Menschheit träumte: der den Vögeln nachempfundene Flug. Vor den Toren Berlins hob er im Jahr 1891 zum ersten – rund 25 Meter weit führenden Gleitflug der Menschheitsgeschichte ab. Dieser Erfolg war kein Zufall, denn Lilienthal hatte detaillierte Studien über das Flugverhalten von Vögeln durchgeführt die er in seinem 1898 veröffentlichten Buch »Der Vogelflug als Grundlage der Fliegekunst« detailliert beschreibt. Für seine Flugexperimente ließ er 1893 den »Fliegeberg« errichten, von dessen Kuppe aus er mit seinen lenkbaren Apparaten zur Erde hinab schwebte. Auch sein Tod im Jahr 1896 konnte den von ihm angestoßenen Pioniergeist der Fliegerei nicht mehr stoppen. Unter anderem griffen in den USA die Gebrüder Wright auf Lilienthals Forschungsergebnisse zurück und entwickelten diese in einem selbst gebauten Windkanal weiter, bis ihnen in den Dünen von Kitty Hawk am 17. Dezember 1903 der erste fotografisch belegte Motorflug der Menschheitsgeschichte gelang. Es war, als hätte die Menschheit auf diesen Moment nur gewartet, denn rund um den Globus griff der »Flugvirus« in Windeseile um sich und Pioniere der Luftfahrt entwickelten binnen weniger Jahre immer leistungsfähigere Apparate mit denen zunächst nur ein Pilot – bald aber auch die ersten Passagiere in die Höhe steigen konnten. Wurden zunächst ausschließlich Kolbenmotoren in Kombination mit Propellern als Antrieb genutzt, startete am 27. August 1939 in Rostock der erste Jet in den Himmel. Das Jet-Zeitalter eröffnete zuvor unerreichbare Dimensionen und so sollten lediglich 44 Jahre nach dem ersten Motorflug vergehen bis die Bell X-1 als erstes Flugzeug die Schallgrenze durchbrach. Am 26. Mai

Eine Lockheed Martin F-22 »Raptor« beim Durchstoßen der Schallmauer. Um den Rumpf bilden sich dabei beeindruckende Kondensationswolken. Dieses Phänomen bezeichnet man als Wolkenscheibeneffekt. (Foto: © Mass Communication Specialist 2nd Class Kyle Steckler/Released U.S. Navy)

1970 erreichte eine sowjetische Tupolew Tu-144 als erstes Überschallverkehrsflugzeug die zweifache Schallgeschwindigkeit und bereits sechs Jahre zuvor war mit der Lockheed A-12 »Oxcart« erstmals ein Militärjet gestartet der dreimal so schnell wie der Schall fliegen konnte.
Sie alle sind Superflugzeuge, wobei jedes der seit 1903 gebauten Modelle für sich genommen eine herausragende Leistung seiner Konstrukteure ist. Das gilt auch für die »Jumbos« der Luftfahrt, wie die 1969 erstmals abgehobene Boeing 747, die sechsmotorige russisch/ukrainische Antonow An-225 als das derzeit größte Transportflugzeug der Welt oder das zum Zeitpunkt seines Erstflugs im Jahr 1947 alle Dimensionen sprengende und ganz aus Holz gebaute Großflugboot Hughes H-4 »Hercules«. Bis zum Erstflug am 13. April 2019 der ebenfalls in diesem Werk vorgestellten »Stratolaunch« hielt sie über 72 Jahre den Rekord als das Flugzeug mit der größten jemals gebauten Spannweite.
In der Sonderkategorie »Schönstes Flugzeug« fliegen die drei Modelle der Lockheed »Constellation«-Baureihe allen ihren Konkurrentinnen davon. Der 1939 auf aerodynamische Perfektion und Schnelligkeit getrimmte Entwurf für die Transcontinental & Western Air (TWA) des Howard Hughes war nicht nur an Eleganz kaum zu überbieten, sondern zu seiner Zeit schneller als jedes andere Flugzeug der USA – einschließlich der besten Jagdmaschinen! Es ist kein Zufall, dass die »Constellation« ein Design des wohl begabtesten Flugzeugkonstrukteurs aller Zeiten war: Clarence L. »Kelly« Johnson. Gehen doch neben der »Connie« so hervorragende Entwürfe von Superflugzeugen wie die Lockheed-Modelle P-38 »Lightning, F-104 »Starfighter«, SR-71 »Blackbird«, das Spionageflugzeug U-2, der Großtransporter C-5 »Galaxy« und das Passagierflugzeug L-1011 »TriStar« auf Johnson zurück. Die von ihm im Jahr 1943 initiierten »Skunk Works«-Geheimlabore des Flugzeugherstellers Lockheed Martin sind bis heute Ursprung herausragender Konstruktionen – überwiegend von militärischem Fluggerät.
Die Auswahl der in diesem Buch vorgestellten Superflugzeuge wurde einerseits durch deren Größe oder Rekorde brechende Geschwindigkeit getroffen, war andererseits aber auch durch ihre Bedeutungen für die Geschichte des Flugzeugbaus motiviert. So ist ein spannender Mix der unterschiedlichsten Flugzeugmuster von 1903 bis in die Gegenwart entstanden, der die Leser in die faszinierende Welt der Superflugzeuge entführt.

Oerlinghausen im Sommer 2019,

WOLFGANG BORGMANN

Start der ersten von drei gebauten Do-X auf dem Wasser des Bodensees. (Foto: © Lufthansa)

Als die Do-X 1 im Oktober 1932 auf dem Main bei Frankfurt wasserte, erinnerte noch nichts an die heutige Hochhauskulisse. (Foto: © Sammlung Dr. John Provan)

Die zwölf Kolbenmotoren wurden von der Maschinenzentrale aus bedient, die sich hinter der Führerkanzel auf dem Kommandodeck der Do-X befand. (Foto: © Sammlung Dr. John Provan)

DORNIER DO X
Zwölfmotoriges Großflugboot

Firmengründer Claude Dornier war kein Mann der kleinen Sachen. So zählte sein erster Entwurf des Riesenflugboots Rs1 im Jahr 1915 bereits zu den größten Flugzeugen seiner Zeit. Kommerziellen Luftverkehr mit Flugbooten zu entwickeln war eine der Triebfedern des Schwaben vom Bodensee der seine ersten Sporen in der Luftfahrt beim ebenfalls in Friedrichshafen angesiedelten Zeppelin-Luftschiffbau verdiente.

So legendäre Entwürfe wie die Dornier »Wal«-Flugzeugfamilie waren nicht zuletzt auf Grund ihrer damit erflogenen Rekorde weltbekannt als Dornier das Riesenflugboot Do X im Jahr 1929 an den Start brachte. Technisch nüchtern betrachtet war die Do X ein Eindecker in Ganzmetallbauweise, dessen 48 Meter messende Tragfläche auf jeder Seite des Rumpfes durch drei Stiele gegen den so genannten »Bootsstummel« abgestützt wurde. Auf den Tragflächen waren je zwei Kolbenmotoren in sechs Gondeln untergebracht, die dem gigantischen Flugboot eine Reisegeschwindigkeit von rund 180 km/h ermöglichten.

Der Rumpf der Do X verfügte über drei Decks. Ganz oben befand sich das Cockpit sowie die Navigations- und Funkräume – darunter die luxuriösen Kabinen für maximal 66 Passagiere. Das lediglich für die Besatzung zugängliche Unterdeck beinhaltete Kraftstoff und Vorräte.

Die legendäre Do X war so groß, dass Dornier in den Jahren 1926 und 1927 in Altenrhein am Bodensee eigens für ihren Bau eine eigene Produktionshalle errichten ließ. Von dort aus startete Dornier-Chefpilot Richard Wagner am 12. Juli 1929 zum viel beachteten Erstflug. Den Anfang einer ganzen Reihe von sensationellen Flügen machte ein über 20 Jahre währender Rekord bei dem die erste von drei gebauten Do X am 21. Oktober 1929 mit 169 Personen an Bord über dem Bodensee aufstieg. Im Folgejahr modifizierte Dornier sein Flugschiff mit noch leistungsfähigeren Motoren des amerikanischen Herstellers Curtiss und veränderte diverse Konstruktionsdetails um das Flugzeug noch effizienter zu gestalten. Derart verbessert hob die Do X am 5. November 1930 von ihrer Heimatbasis zu einem spektakulären fast anderthalb Jahre währenden Vorführungsflug durch Europa, Afrika sowie Süd- und Nordamerika ab. Stationen waren die portugiesische Hauptstadt Lissabon, die Kanareninsel Las Palmas, das afrikanische Bubaque in Guinea-Bissau, Porto Praia, Fernando Noronha, Natal und Rio de Janeiro in Brasilien sowie die US-Ostküstenmetropole New York – bevor die Do X wieder Kurs auf Deutschland nahm und nach diversen Tankstopps am 24. Mai 1932 auf dem Müggelsee bei Berlin landete. Hunderttausende jubelten der Do X nicht nur auf dieser Auslandstournee zu, sondern strömten in Schaaren zu den Seen und Flüssen, die das Flugschiff auf seiner Deutschlandtournee in den Jahren 1932 und 1933 ansteuerte. Nachdem die Do X ihre Aufgabe erfüllt hatte vermachte sie ihr Hersteller dem Berliner Luftfahrtmuseum wo sie bei einem Bombenangriff im Jahr 1945 ausbrannte. Neben der ersten Do X 1 baute Dornier in den Jahren 1931 und 1932 noch zwei weitere Maschinen für Italien. Die Do X 2 »Umberto Maddalena« und Do X 3 »Allessandro Guidoni« getauften Flugboote wurden überwiegend bis zum Jahr 1935 für Rund- und Schulungsflüge genutzt und nach ihrer Ausmusterung verschrottet.

Diese zeitgenössische Fotografie ist mit den Portraits des Flugboot-Konstrukteurs und Firmeninhabers Claude Dornier sowie jenem des von der Nordseeinsel Föhr stammenden Do-X Kapitäns Christiansen verziert. (Foto: © Sammlung Dr. John Provan)

DIE GIGANTEN

Technische Daten
Dornier Do-X 1

Länge: 40,1 m

Spannweite: 48,0 m

Höhe: 10,1 m

Triebwerke: 12 x luftgekühlte Siemens »Jupiter« / 12 x Curtiss »Conqueror«

Leistung: 12 x 525 PS / 640 PS

Leergewicht: 32.675 kg

Treibstoffkapazität: 23.300 Liter

Leergewicht: 28.250 kg

Max. Startgewicht: 48.000 / 52.000 kg

Reisegeschwindigkeit: 175 km/h

Höchstgeschwindigkeit: 210 km/h

Reichweite: 2.300 km

Dornier Do-X 2 / X 3

Länge: 40,0 m

Spannweite: 48,0 m

Höhe: 10,2 m

Triebwerke: 12 x Fiat-A.22 R

Leistung: 12 x 610 PS

Leergewicht: 34.820 kg

Max. Startgewicht: 48.000 kg

Reisegeschwindigkeit: 190 km/h

Höchstgeschwindigkeit: 210 km/h

Max. Flughöhe: 3.200 m

Blick in den feudal eingerichteten Salon an Bord der Do-X 1. (Foto: © Sammlung Dr. John Provan)

Die Do-X beim Startlauf. Die Boote im Hintergrund lassen die Größe des Flugschiffs erahnen. (Foto: © Sammlung Dr. John Provan)

Barkassen sichern das Flugschiff ab, während die majestätische D-1929 nach der Landung zur Anlegestelle schwimmt.
(Foto: © Sammlung Dr. John Provan)

Begegnung der Do-X sowie des ebenfalls am Bodensee gebauten Zeppelin-Luftschiffs LZ 127. (Foto: © Sammlung Dr. John Provan)

Die zwölf Motoren der Do-X waren hintereinander in den sechs großen Triebwerksgondeln über der Tragfläche angeordnet und wirkten auf je einen der beiden Propeller.
(Foto: © Sammlung Dr. John Provan)

Januar 1947 wurde die Hughes H-4 in der kalifornischen Hafenstadt San Pedro zum ersten Mal zu Wasser gelassen. (Foto: © public domain)

Der erste und einzige Flug der Hughes H-4 fand am 2. November 1947 statt. Die zurückgelegte Flugstrecke betrug nur knapp zwei Kilometer. (Foto: © Sammlung Dr. John Provan)

Nach der Vormontage in Culver City mussten die gigantischen Bauteile der H-4 über eine Distanz von 50 Kilometern per Tieflader zur Schiffswerft Terminal Island bei Long Beach verbracht werden.
(Foto: © Sammlung Dr. John Provan)

HUGHES H-4 »HERCULES« ALIAS »SPRUCE GOOSE« Die gigantische »Fichtengans«

Von ihr wurde lediglich ein Exemplar gebaut, das sich auch nur ein einziges Mal in 21 Meter Höhe über eine Strecke von 1,5 Kilometern in die Lüfte erhob – doch mit diesem kurzen Hopser wurde die Hughes H-4 »Hercules« zu jenem Superflugzeug das mit 97,51 Meter Spannweite von 1947 bis 2019 den Rekord des größten Flugzeugs der Welt hielt.
Ihren Spitznamen »Spruce Goose« – »Fichtengans« – erwarb sich die H-4 durch ihre für ein Flugzeug dieser Größenordnung ungewöhnliche Holzbauweise. Die Geschichte des Riesenflugboots geht auf die Kriegsereignisse des Jahres 1942 zurück. Deutsche U-Boote hatten bereits hunderte alliierte Versorgungsschiffe auf dem Nordatlantik versenkt was den transatlantischen Lufttransport von Soldaten und Nachschub in die europäischen Kampfzonen als vermeintlich sichere Alternative erscheinen ließ. Da jedoch weder die USA, noch Großbritannien über eine geeignete Flotte an Transportmaschinen verfügten die der erwartenden Zahl an Soldaten und Tonnage gewachsen war, erdachte der US-Amerikaner Henry Kaiser, Inhaber einer Schiffswerft und Besitzer eines Stahl-Imperiums die Geschäftsidee riesige Transportflugzeuge in Kooperation mit Howard Hughes zu entwickeln. Letzterer war nicht nur der erste amerikanische Dollar-Milliardär, dessen Familie ihr Vermögen primär mit Geräten für die Ölförderung verdiente, sondern auch Filmproduzent und Luftfahrt-Tycoon dem die Fluglinie TWA sowie die Flugzeugfabrik Hughes Aircraft gehörten. Zusammen gründeten sie für dieses Projekt die Hughes-Kaiser Corporation deren einzige Aufgabe es war diesen Riesenvogel zu entwickeln und zu produzieren von dem die US-amerikanische Regierung im November 1942 drei Maschinen im Wert von 18 Millionen US-Dollar bestellte. Ihre ursprüngliche Bezeichnung Hughes-Kaiser HK-1 ging nach dem Ausscheiden von Kaiser aus dem Projekt im Jahr 1944 allein auf Hughes über, der dem Projekt nun die Bezeichnung H-4 »Hercules« gab. Dessen Entwicklung verzögerte sich auf Grund technischer Probleme immer weiter bis die Geldmittel verbraucht und der Zweite Weltkrieg vorüber war. Doch das Ego von Howard Hughes ließ keinen Gedanken daran zu, dieses viel zu komplexe Projekt aufzugeben – die »Spruce Goose« sollte um jeden Preis fliegen, auch wenn lediglich ein einziges Exemplar gebaut würde und Hughes sieben Millionen Dollar aus der eigenen Tasche drauf legen müsste.
Im Jahr 1946 war es endlich soweit und die Bauteile der in Culver City vormontierten H-4 konnten in einem logistischen Kraftakt über 50 Kilometer zur Schiffswerft Terminal Island bei Long Beach auf der Straße transportiert und dort endmontiert werden. Am 1. November 1947 lud Howard Hughes Journalisten zu den ersten Schwimmversuchen vor der kalifornischen Küste ein – natürlich mit ihm selbst am Steuer. Auf dem Kapitänssitz nahm Hughes auch am Folgetag Platz, begleitet von David Grant als Kopilot, diversen Flugingenieuren und Reportern als die H-4 zu ihrem kurzen Jungfernflug abhob. Allerdings »flog« sie nicht wirklich, denn mehr als der Bodeneffekt zwischen Wasser und Tragflächen trug das Superflugzeug nicht. Den Beweis ob seine »Spruce Goose« wirklich als Truppentransporter einsatzfähig gewesen wäre blieb Howard Hughes für immer schuldig denn er ließ sie bis zu seinem Tod im Jahr 1976 für 33 Jahren in einem

temperierten und bewachten Hangar im Hafenbecken von Los Angeles vor den Augen der Öffentlichkeit verbergen. Vielleicht träumte er davon mit ihr eines Tages wieder an den Start zu gehen, denn nicht nur die »Hercules« wurde flugfähig gehalten sondern es war auch stets eine Besatzung für den niemals erfolgten zweiten Flug startklar. Erst nach seinem Tod stiftete die zum Hughes-Imperium gehörende Summa Corporation das Flugzeug an den Aero Club von Südkalifornien der es seinerseits an die Wrather Corporation vermietete. Sie errichtete einen Kuppelbau im Hafen von Long Beach in dem die Maschine als Touristenattraktion neben dem legendären Passagierschiff »United States« besichtigt werden konnte. Nachdem das Evergreen Aviation & Space Museum das historische Flugzeug im Jahr 1992 erworben hatte wurde es demontiert per Schiff und Lkw nach McMinnville transportiert und kann dort nach einer umfassenden Restaurierung seit dem Jahr 2001 wieder besichtigt werden.

Technische Daten Hughes H-4 »Hercules«

Länge: 66,74 m
Spannweite: 97,51 m
Höhe: 25,15 m
Triebwerke: 8 x Pratt & Whitney R-4360 Kolbenmotoren
Leergewicht: 122 Tonnen
Max. Startgewicht: 181 Tonnen
Höchstgeschwindigkeit in Meereshöhe: 378 km/h
Reisegeschwindigkeit: 320km/h
Reichweite: ca. 4.800 km

Nach ihrem Transport von Culver City nach San Pedro wurden die einzelnen Bausegmente der H-4 zusammengesetzt und für ihren einzigen Flug vorbereitet. (Foto: © public domain)

Für viele Jahre verblieb die H-4 im Hafen von Los Angeles wo sie in einem eigens dafür errichteten Kuppelbau zu besichtigen war. (Foto: © Alan Light, CC BY 2.0)

Das gigantische Flugboot aus der Luft gesehen im Hafen. Durch die Personen auf dem Flügel und das kleine Boot kommen besonders gut die gewaltigen Dimensionen zur Geltung. (Foto: © Sammlung Dr. John Provan)

Aktuell ist das Großflugboot im Evergreen Aviation & Space Museum im US-Bundesstaat Oregon ausgestellt. (Foto: © Daderot, CC0)

Diese drei Lockheed C-5 des 439th Airlift Wing des Air Force Reserve Command wurden am 19. März 2012 auf der Westover Air Reserve Base aufgenommen. (Foto: © U.S. Air Force Foto. Senior Airman Kelly Galloway)

Eine auf der kalifornischen Travis Air Force Base stationierte C-5 wird am 28. Dezember 2015 für ihren nächsten Einsatzflug zum afghanischen Bagram Airfield vorbereitet. (Foto: © U.S. Air Force Foto. Tech. Sgt. Robert Cloys)

Hier legt sich eine Maschine des 433th Airlift Wing über der Eglin Air Force Base in die Kurve. Gut erkennbar dabei die allgemeine Konfiguration des riesigen Transporters. (Foto: © U.S. Air Force photo by Samuel King Jr.)

LOCKHEED C-5 »GALAXY«
Die einst Größte der Galaxis

Als das amerikanische Verteidigungsministerium im Oktober 1965 verkündete, dass die Lockheed Aircraft Company den Zuschlag für den Bau des neuen Großraumfrachters der U.S. Air Force erhalten würde war dies für viele Branchenbeobachter eine Überraschung. Galt doch Boeing mit seinem Entwurf bis dahin als klarer Favorit der technischen Bewertungskommission die jedoch vom damaligen US-Verteidigungsminister Robert McNamara aus Kostengründen überstimmt wurde – Lockheed hatte einfach das günstigere Angebot abgegeben. Neben Boeing und Lockheed hatten sich auch die Douglas-Flugzeugwerke, General Dynamics und Martin Marietta mit eigenen Entwürfen an der Ausschreibung beteiligt von denen jedoch nur jene von Boeing und Lockheed in die engere Wahl kamen. Auch die Triebwerke des von der U.S. Air Force C-5 »Galaxy« –»Galaxis« –genannten Flugzeugmusters mussten völlig neu entwickelt werden da bis dahin keine ausreichend leistungsfähigen Motoren für einen viermotorigen Jet mit über 120 Tonnen Nutzlast verfügbar waren. In diesem Wettbewerb der besseren Ideen und niedrigsten Kosten setzte sich schließlich General Electric mit seinem TF39 gegen Pratt & Whitney als stärkstem Konkurrenten durch. Lockheed-Georgia Co. lieferte die erste einsatzfähige C-5A im Juni 1970 an den auf der Charleston Air Force Base im US-Bundesstaat South Carolina stationierten »437th Airlift Wing« aus. Doch schon bald geriet das von Lockheed hausintern unter der Bezeichnung L-500 geführte Programm für den Flugzeughersteller zum technologischen und finanziellen Desaster da es von Kostenüberschreitungen und konstruktiven Mängeln überschattet war, die sich erst mit der Neukonstruktion der Tragflächen und deren Austausch bei allen C-5A der ersten Generation beheben ließen. Auch blieb der erhoffte Erfolg auf dem zivilen Markt aus, denn keine Fluggesellschaft konnte sich für den Kauf des angebotenen Großraumfrachters erwärmen. Die konstruktiven Probleme mit den C-5A hielten die US-Regierung jedoch nicht davon ab, nach den 81 Flugzeugen des ersten Loses noch 50 weitere modifizierte C-5B zu bestellen die zwischen 1986 und 1989 an die amerikanische Luftwaffe ausgeliefert wurden. Speziell für den Transport von Raketenteilen sowie Baugruppen der internationalen Raumstation ISS wurden zwei C-5A der ersten Generation zu C-5C genannten Frachtern mit einem großvolumigeren Frachtraum umgerüstet. Der erforderliche Platz wurde über den Ausbau der ursprünglich hinter den Flügeln liegenden Passagierkabine sowie einer Anpassung der Heckrampe geschaffen. Die bislang fortschrittlichste Version trägt die Bezeichnung C-5M »Super Galaxy« und entstand durch die Umrüstung von 52 C-5 (A/B/C) zwischen den Jahren 2004 und 2018. Im Fokus dieser Modernisierung lag der Austausch der vier alten Triebwerke durch General Electric F138-GE-100 die wie die zivile CF6-Modellreihe auf dem TF39 als erstem Mantelstromtriebwerk der Welt mit hohem Nebenstromverhältnis basieren. Das mit dem zivilen CF6-80C2-L1F vergleichbare F138 ist im Vergleich zum Vorgänger-Modell um 22 Prozent leistungsstärker, verkürzt dadurch die Rollstrecke beim Start um 33 Prozent, verbessert die Steigrate um 58 Prozent und ermöglicht es mehr Nutzlast über eine größere Reichweite zu transportieren. Neben den neuen Triebwerken wurden die C-5M auch mit einer moderneren Avionik sowie einem zeitgemäßen Glascockpit mit Bildschirmanzeigen der primären

Fluginstrumente nachgerüstet. Neu ist auch ein technisches Diagnose-System, das Daten von 7.000 im Flugzeug verteilten Sensoren empfängt und so dem Wartungspersonal den aktuellen technischen Zustand der C-5M auf einen Knopfdruck vermittelt, was die Zeit für erforderliche Wartungs- und Reparaturarbeiten erheblich reduziert. Parallel zur Modernisierung der Teilflotte zu C-5M wurden die übrigen C-5A von der amerikanischen Luftwaffe bis 2017 ausgemustert.

Zwischen ihrem Erstflug am 30. Juni 1968 und jenem der damals sowjetischen, heute ukrainischen, Antonow An-124 im Dezember 1982 war die »Galaxy« das größte in Serie gebaute Flugzeug der Welt – wurde von der »Ruslan« jedoch in punkto maximaler Nutzlast, maximalem Startgewicht und Spannweite übertroffen.

Technische Daten
Lockheed C-5B »Galaxy«

Länge: 75,53 m

Spannweite: 67,88 m

Höhe: 19,34

Antrieb: 4 x General Electric TF39-GE-1C Fantriebwerke

Schubleistung: 4 x 191,34 kN

Leergewicht: 169.600 kg

Max. Startgewicht: 380.000 kg

Marschgeschwindigkeit: ca. 880 km/h

Reichweite: ca. 4.400 km

Lockheed C-5M »Super Galaxy«

Länge: 75,30 m

Spannweite: 67,89 m

Höhe: 19,84

Antrieb: 4 x General Electric F-138-GE 100 (zivil: CF6-80C2-L1F) Fantriebwerke

Schubleistung: 4 x 228 kN

Max. Nutzlast: 127.460 kg

Max. Startgewicht: 381.024 kg

Marschgeschwindigkeit: ca. 830 km/h

Reichweite: 13.000 km (ohne Fracht)

Reichweite: 8.900 km (mit 54.430 kg Nutzlast)

Das Bugtor ist nach oben geschwenkt und gibt den Blick frei in den gigantischen Frachtraum der Galaxy. Die Beladung kann von beiden Rumpfseiten erfolgen, was die gleichzeitiges Be- und Entladen ermöglicht.
(Foto: © public domain)

Luftbetankung einer C-5M (zu erkennen an den Triebwerken) durch eine KC-46 der USAF. Der Tanker basiert auf der Boeing 767-200, die ja nicht klein ist, aber im Vergleich zur Galaxy wirkt die KC-46 fast ein wenig verloren (Foto: © public domain)

Eine C-5B der 21st Airlift Squadron kurz vor dem Aufsetzen. Man erkennt die großen Auftriebshilfen an Vorder- und Hinterkante der Flügel sowie das massive, vielrädrige Fahrwerk. Allein das Bugfahrwerk besitzt vier Räder (statt normalerweise zwei)! (Foto: © public domain)

Die skandinavische SAS bestellte bei Boeing zur Lieferung im Jahr 1972 zunächst zwei 747-200 für ihre Nordamerika- und Asienrouten. Bemerkenswert: das Hauptfahrwerk bestehend aus vier Einheiten. (Foto: © SAS)

Zeitgeist pur: Die First Class Lounge im Oberdeck der 747 war vor allem in den 70er-Jahren wohl einer der exklusivsten Orte über den Wolken. (Foto: © SAS)

Der Prototyp offenbart die klassische Linienführung der Boeing 747 mit dem charakteristischen »Höcker«, der einen ganz einfachen Hintergrund hat: Der Jumbo wurde von Anbeginn auch als Frachter mit einem nach oben aufklappenden Bug ausgelegt. Daher befindet sich das Flugdeck der 747 nicht auf Höhe der Passagierkabine sondern eine Etage darüber. (Foto: © Boeing)

DIE GIGANTEN

Die Entwicklung des »Jumbo Jet« erfolgte auf Wunsch und nach einer Bestellung über 25 Maschinen der in den 60er-Jahren führenden westlichen Fluggesellschaft Pan Am. (Foto: © Pan Am)

Ingenieure der Lufthansa-Technikabteilung trugen maßgeblich zum Erfolg der Version 747-400 bei, indem sie unzählige Stunden vor allem in das Design eines modernen Digital-Cockpits mit Bildschirmanzeigen investierten. (Foto: © Lufthansa)

BOEING 747
Der »Jumbo Jet«

Am 9. Februar 1969 startete der Boeing 747 Prototyp in Everett zu seinem Erstflug. An jenem Tag erhob sich nicht nur der bis dahin größte jemals gebaute Passagierjet erstmals in die Lüfte, sondern Boeing eröffnete auch gleichzeitig das Zeitalter der »Wide Body«-Großraumflugzeuge. Mit ihren Dimensionen setzte die 747 den Standard für alle nachfolgenden großen Verkehrsflugzeuge. Sei es beim Layout von Flughafen-Gates, der Größe von Gepäck- und Frachtcontainern oder den Maßen der für die Bodenabfertigung erforderlichen Hubfahrzeuge. Mittlerweile hat ihr der Airbus A380 den Rang als größtes Passagierflugzeug der Welt abgenommen, doch steht das unverwechselbare, und für ein so großes Flugzeug ausgesprochen elegante Design auch ein halbes Jahrhundert nach dem Erstflug für den fest stehenden Begriff des »Jumbo Jets«.

Die Geschichte der Boeing 747 begann im August des Jahres 1965 mit einem Anruf von Dick Rouzie, Leiter des Engineering der Boeing Transport Division, bei Boeing-Ingenieur Joe Sutter. Dieser machte gerade in seinem Ferienhaus am idyllischen Hood Canal unweit Seattles Urlaub als sein Nachbar plötzlich vor ihm stand und unwirsch verkündete: »Hey Sutter. Sie rufen Dich auf meinem Telefon an«. Das Ferienhaus der Sutter-Familie verfügte über kein eigenes Telefon, und so hatte er seinem Büro aufgetragen ihn nur in Notfällen mit Hilfe des Nachbarn in seiner Sommerfrische zu stören. Dick Rouzie betrachtete seine Nachricht als solchen Fall – wenn auch in positiver Hinsicht. Bot er doch Joe Sutter an jenem Tag die Projektleitung für einen neuen Boeing-Jet an, der alle bislang im zivilen Flugzeugbau bekannten Dimensionen sprengen sollte. Dies war die Geburtsstunde des »Jumbo Jets«!

Joe Sutter war zu jenem Zeitpunkt als leitender Ingenieur an der Entwicklung der Boeing 737 beteiligt, die nur wenige Monate zuvor mit Bestellungen von Lufthansa und United Air Lines offiziell an den Start gegangen war. Nach dem kleinsten Spross der Boeing-Jetfamilie sollte Sutter nun mit der 747 nicht nur das größte Muster, sondern auch die bei weitem größte Herausforderung seiner beruflichen Karriere übertragen bekommen.

Wie bereits bei zahlreichen Boeing-Jets zuvor, war Pan American World Airways (PAA) die treibende Kraft hinter der Entwicklung des künftigen Megaliners. Die Bestellungen des PAA-Gründers und Präsidenten Juan T. Trippe hatten bereits entscheidenden Einfluss auf den Erfolg des Boeing-Flugbootes 314, des luxuriösen 377 »Stratocruiser« sowie der vierstrahligen Boeing 707. Nun forderte Trippe das Boeing-Management erneut heraus, in dem er die Bestellung von 25 jener »Jumbo Jets« in Aussicht stellte, falls ihm der Hersteller deren Bau garantieren sollte. Als Sutter mit den Detailuntersuchungen begann, war Boeing parallel mit zwei prestigeträchtigen Studien beschäftigt. So beteiligte sich das Unternehmen an der Ausschreibung der U.S. Air Force für ein C-5 genanntes Transportflugzeug mit einer damals unvorstellbaren Nutzlast von über 100 Tonnen. Zudem war Boeing mit der Entwicklung des 2707-Überschalljets in Konkurrenz zur britisch-französischen »Concorde« befasst. Die 2707 war mit komplexen Schwenkflügeln konzipiert um in allen Geschwindigkeitsbereichen über den optimalen Auftrieb zu verfügen und sollte bis zu 300 Passagiere mit Mach 2,7 transportieren können. Beide Projekte genossen zunächst firmenintern eine höhere Priorität als die noch zaghaften Anfänge des 747-Designs. So musste sich Sutter zunächst mit 20 Mitarbeitern begnügen – im Vergleich zu 500 Kollegen, die an der C-5 Ausschreibung mitwirkten. Es galt zudem unter den Boeing-Ingenieuren als besondere Auszeichnung in das prestigeträchtige 2707-Team berufen zu werden. Dem Überschall-Luftverkehr wurde Mitte der 60er-Jahre eine große Zukunft vorhergesagt und der gigantische 747-Jet galt vielen Insidern hingegen eher als anachronistischer Dinosaurier des Luftverkehrs.

Als die Pan American und Boeing-Präsidenten Trippe und Allen am 22. Dezember 1965 eine Absichtserklärung über 25 Boeing 747 unterzeichneten, hatten sich die internen Gewichtungen bereits seit dem Verlust des sicher geglaubten C-5 Projektes an Lockheed zu Gunsten der 747 verschoben. Zu jenem Zeitpunkt gab es von dem geplanten »Jumbo Jet« weder ein festgelegtes Design noch einen verfügbaren Antrieb. Beide Projekte, Flugzeugmuster und dessen Triebwerke, wurden parallel gestartet. Als sich Boeing für das Pratt & Whitney JT9D entschied, existierte dieser Motor lediglich auf dem Papier der Entwicklungsabteilung des Triebwerksherstellers. Im Vergleich zum Vorgängermodell Boeing 707 sollte der »Jumbo« das Zweieinhalbfache an Passagieren befördern können. Dafür entwickelte Pratt & Whitney einen Antrieb, der den 2,5fachen Schub des bis dato leistungsfähigsten zivilen Jet-Motors lieferte.

Nach festen Bestellungen von Pan Am über 25 Maschinen sowie Aufträgen von Lufthansa, Japan Air Lines und British Overseas Airways Corporation (BOAC) wagte der Boeing-Vorstand am 25. Juli 1966 den offiziellen Programmstart – und nur ein Jahr später begannen in der Endmontagelinie in Everett, dem volumenmäßig größten Gebäude der Welt, die ersten Produktionsarbeiten. Wie die meisten Flugzeugprojekte, so wurde auch die 747 nicht von Entwicklungsproblemen verschont. Nachdem das endgültige Flugzeugdesign feststand musste es im Jahr 1967 wieder abspecken, damit Boeing die zugesagten Spezifikationen einhalten konnte. Die gesamte Struktur wurde Zentimeter für Zentimeter nach Einsparpotentialen untersucht, Strukturanteile reduziert oder durch leichtere Materialien ersetzt. Entscheidend für den späteren Erfolg waren nicht zuletzt die hervorragenden Flugeigenschaften der 747, die anhand von Großmodellen in insgesamt 13.000 Windkanal-Stunden ermittelt wurden. Als Konsequenz aus den dabei gewonnenen Erkenntnissen veränderte Boeing mehrfach die Positionierung der Triebwerke, änderte die Form der Triebwerksaufhängungen und Landeklappen, plante neue Fahrwerke und passte die Höhen- und Seitenruder sowie das Heckdesign zur Reduzierung des Luftwiderstands an.

Die Endmontage in Everett startete im September 1967 mit dem Eintreffen der ersten im Boeing-Werk Wichita vorgefertigten Bugsektion. Als nächster Meilenstein konnte im März 1968 der erste Flügel aus der Montagehalterung gelöst werden. Das Flugzeug ging zwar unaufhaltsam seiner Vollendung entgegen, doch war zu jenem Zeitpunkt noch kein einziges Pratt & Whitney JT9D-Triebwerk auf dem Prüfstand gelaufen! Erst im Juni 1968 konnte erstmals ein JT9D-Motor in seinem künftigen Element getestet werden. Nicht an einer 747, sondern unter dem Flügel eines Boeing B-52 Experimentalflugzeugs montiert. So präsentierte Boeing seinen neuen Stolz der Weltöffentlichkeit beim feierlichen »Roll-Out« am 30. September 1968 noch ohne funktionsfähigen Antrieb. Erst nach Lieferung der Motoren konn-

Eine Boeing 747-200F der französischen Air France Cargo wartet am trinationalen Flughafen Basel-Mulhouse-Freiburg mit aufgeklapptem Bug auf ihre Beladung. (Foto: © Air France)

Da sämtliche Modelle der Boeing 747 zu einer Flugzeugfamilie zählen, können ihre Piloten mit geringem Schulungsaufwand von einer Version zur anderen wechseln. (Foto: © Boeing)

Das vom Deutschen Zentrum für Luft- und Raumfahrt (DLR) sowie der amerikanischen NASA gemeinsam entwickelte und betriebene Weltraumteleskop »Sofia« nutzt eine Boeing 747SP als Plattform. (Foto: © NASA)

Die Boeing 747-400 war die bislang erfolgreichste Version des Großraumjets. Wichtigstes Erkennungsmerkmal der -400 sind die Winglets an den Flügelenden sowie das deutlich längere Oberdeck mit seinen vielen Fenstern. (Foto: © Sammlung Wolfgang Borgmann)

Auch die australische Fluglinie QANTAS entschied sich nach dem Basismodell 747-200 und der 747SP für den Einsatz der nochmals weiter entwickelten 747-400 auf ihrem Langstreckennetz. (Foto: © QANTAS)

Wenn die Einflottung sparsamer und leiser Airbus A350- und Boeing 777-9X-Langstreckenjets abgeschlossen ist, sind die Tage der Boeing 747-400 bei Lufthansa gezählt. (Foto: © Lufthansa)

Die Boeing 747-8 ist die bislang modernste Jumbo-Version. Sie verfügt über hochmoderne Triebwerke, neu gestaltete Flügel sowie einen nochmals längeren Rumpf. Die Nachfrage stagniert allerdings. (Foto: © Lufthansa)

ten im Januar 1969 erstmals die Flugzeugsysteme des Prototyps mit der treffenden Zulassung N7470 aktiviert und das Fahrwerk sowie die Ruder und Klappen auf ihre Funktion hin getestet werden. Am 9. Februar zeigte sich Boeing-Testpilot Jack Waddell soweit mit dem technischen Zustand der »City of Everett« getauften Maschine zufrieden, dass er beschloss mit seiner Crew den Erstflug zu wagen. Sein Kommentar direkt nach der Landung: »Das Flugzeug fliegt sich wie ein Pilotentraum«. Obgleich die US-Luftfahrtbehörde FAA der Boeing 747 am 31. Dezember 1969 ihre Musterzulassung erteilte war der Einsatz bei den Airlines von einer beispiellosen Pannenserie begleitet die in den ersten Betriebsjahren dem Ruf des Flugzeugmusters sowie seiner JT9D-Triebwerke schadete. Von Januar 1970 bis April 1971 meldete allein Pan Am 431 Triebwerksausfälle auf Linienflügen ihrer 25 Maschinen. Andere bedeutsame 747-Kunden der ersten Stunde, wie BOAC, Lufthansa, TWA und Japan Air Lines sahen sich vor identische Herausforderungen gestellt. Ungeachtet dieser Kinderkrankheiten füllten sich die Auftragsbücher weiter und am Ende des Jahres 1970 hatte Boeing bereits 96 Flugzeuge an seine Kunden ausgeliefert. Auf die Basisversion 747-100 folgte die verbesserte 747-200B mit einem auf 377 Tonnen erhöhten maximalen Startgewicht. Schnell zeigte sich, dass Joe Sutter und sein Team ihrem »Jumbo Jet« soviel Entwicklungspotential verliehen hatten, dass daraus eine ganze 747-Flugzeugfamilie entstehen konnte. Gleich, ob als von Lufthansa initiiertem 747-200F Frachter, in der für Pan Am entworfenen kurzen 747SP-Variante mit extrem großer Reichweite, als von Swissair erstmals bestellter 747-300 mit verlängertem Oberdeck, von Lufthansa angeschobener 747-400 mit Glascockpit, als »Air Force One« des US-Präsidenten oder als aktuelle 747-8 »Intercontinental« mit weiter entwickelten Tragflächen, äußerst sparsamen Motoren und gestrecktem Rumpf – der unverwechselbare »Jumbo« ist bis in die Gegenwart aus der Luftfahrt nicht mehr wegzudenken.

Technische Daten Boeing 747-100

Länge: 70,66 m
Spannweite: 59,64 m
Flügelfläche: 511 qm
Höhe: 19,33 m
Triebwerke: 4 x Pratt & Whitney JT9D-7A
Leergewicht: 162.386 kg
Max. Startgewicht: 340.195 kg
Reisegeschwindigkeit: ca. 905 km/h
Reichweite: ca. 9.000 km

Triebwerke und Tragflächen der jüngsten Version Boeing 747-8 wurden für einen noch sparsameren Flugbetrieb neu konstruiert. (Foto: © Boeing)

DIE GIGANTEN

Boeing 747-200B

Länge: 70,66 m
Spannweite: 59,64 m
Flügelfläche: 511 qm
Höhe: 19,33 m
Triebwerke: 4 x Pratt & Whitney JT9D / General Electric CF6-50 / Rolls-Royce RB211
Leergewicht: ca. 170.000 (abhängig von Triebwerksmuster)
Max. Startgewicht: 377.840 kg
Reisegeschwindigkeit: ca. 905 km/h
Reichweite: ca. 8000 km mit maximaler Nutzlast

Boeing 747SP

Länge: 56,31 m
Spannweite: 59,64 m
Flügelfläche: 511 qm
Höhe: 19,94 m
Triebwerke: 4 x Pratt & Whitney JT9D oder Rolls-Royce RB211
Leergewicht: 147.420 kg
Max. Startgewicht: 317.515 kg
Reisegeschwindigkeit: ca. 990 km/h
Reichweite bei voller Zuladung: ca. 10.800 km

Boeing 747-400

Länge: 70,66 m
Spannweite: 64,44 m
Flügelfläche: 541,2 qm
Höhe: 19,40 m
Triebwerke: 4 x Pratt & Whitney PW4062 / General Electric CF6-80 / Rolls-Royce RB211
Leergewicht: 167.500 kg
Max. Nutzlast: 55.000 kg
Max. Startgewicht: 385.000 kg
Reisegeschwindigkeit: ca. 920 km/h
Reichweite mit max. Nutzlast: 10.450 km
(Lufthansa Passagierversion)

Boeing 747-8

Länge: 76,30 m
Spannweite: 68,40 m
Flügelfläche: 554 qm
Höhe: 19,40 m
Triebwerke: 4 x General Electric GEnx-2B
Leergewicht: 220.128 kg
Max. Startgewicht: 442.000 kg
Reisegeschwindigkeit: ca. 910 km/h
Reichweite: ca. 13.100 km
(Lufthansa Passagierversion)

Korean Air setzt außer der Version 747-400 (Foto) neben Lufthansa als einzige Airline der Welt 747-8 im Passagierdienst ein. (Foto: © Boeing)

Die Hochhauskulisse der einstigen britischen Kronkolonie Hong Kong zierte diese sonderlackierte 747-200 der Cathay Pacific in den 90er-Jahren. (Foto: © Sammlung Wolfgang Borgmann)

Die ebenfalls südkoreanische Fluglinie Asiana ist Mitglied des weltweiten Airline-Bündnisses Star Alliance, das unter anderem von Lufthansa gegründet wurde. (Foto: © Boeing)

Im britischen Farnborough präsentierte Boeing 2018 den fabrikneuen 747-8 Frachter der Qatar Airways, um weitere Kunden für dieses Muster zu interessieren. Hier erkennt man sehr gut das Cockpit über dem großen Bugtor. (Foto: © Steve Lynes, CC BY 2.0)

Die ukrainische Frachtfluggesellschaft Antonov Airlines ist der weltweit einzige kommerzielle Betreiber der An-22. Man beachte das riesige Doppelleitwerk. (Foto: © Antonov Airlines)

Vier Propellerturbinen dienen als Antrieb für die An-22 und wirken auf je zwei gegenläufige Propeller. Das sorgt für eine beeindruckende Lärmkulisse! (Foto: © Antonov Airlines)

Das Bild zeigt die einmalige Konstruktion der riesigen An-225! Konzipiert wurde sie ursprünglich zum »Huckepack«-Transport des russischen Raumgleiters »Buran«. (Foto: © Antonov Airlines)

Von dem Mega-Transporter An-225 existiert nur ein einziges Exemplar, das exklusiv von Antonov Airlines für Frachtcharter angeboten wird.
(Foto: © Time Breidenstein Photography)

Die russische Frachtfluglinie Volga-Dnepr transportierte im September 2017 die »Landshut« mit An-124 und Iljuschin Il-76 nach Friedrichshafen.
(Foto: © Lufthansa Bildarchiv)

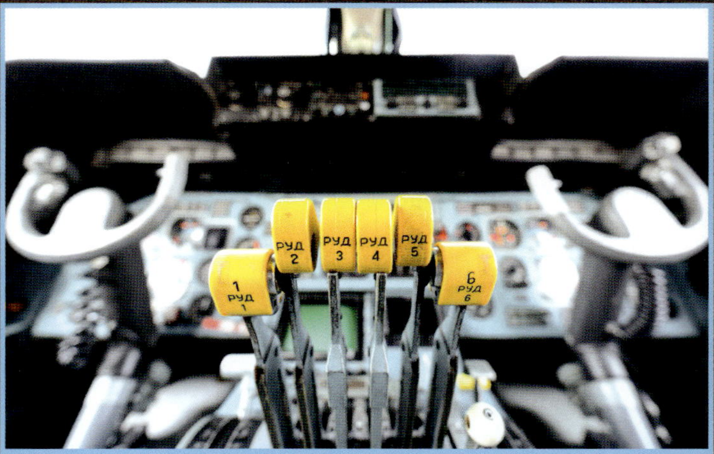

Die sechs Schubhebel einer An-225. Bei der Bedienung dieser geballten Kraft ist Fingerspitzengefühl gefragt.
(Foto: © Stepanov Slava)

Abendstimmung auf dem Vorfeld des Flughafens Leipzig-Halle. Die Spannweite der gigantischen An-225 beträgt 88,40 m – mehr als die Länge einer 747! (Foto: © Antonov Airlines)

In diesem Bild wird nochmal die außergewöhnliche Konzeption der An-225 deutlich. Doppelleitwerk, sechs Triebwerke und ein Fahrwerk mit zahllosen Rädern. Russische Technik vom Feinsten. (Foto: © Timo Breidenstein Photography)

Die weltweit einzige An-225 kommt rund um den Globus zum Einsatz. Hier startet sie zu einem Frachtcharterflug von Bolivien aus.
(Foto: © Eduardo Salvatierra Aliojin)

Um den Transport des Raumgleiters »Buran« zu ermöglichen, erhielt die An-225 seinerzeit ihr charakteristisches Doppelleitwerk.
(Foto: © Timo Breidenstein Photography)

Antonow An-124

Länge: 69,10 m
Spannweite: 73,30 m
Flügelfläche: 628 qm
Höhe: 21,10 m
Antrieb: 4 x Lotarjew-D-18T Turbofans
Schubkraft: 4 x 229,5 kN
Leergewicht: 173.000 kg
Max. Nutzlast: 150.000 kg (Antonow An-124-100-150)
Max. Startgewicht: 405.000 kg
Reisegeschwindigkeit: ca. 800 – 850 km/h
Reichweite: 4.800 km (120 Tonnen Nutzlast)

Antonow An-225 »Mrija«

Länge: 84,00 m
Spannweite: 88,40 m
Flügelfläche: 905 qm
Höhe: 18,10 m
Triebwerke: 6 x ZMKB Lotarjow D-18T Turbofans
Schubkraft: 4 x 230 kN
Leergewicht: 175.000 kg
Nutzlast: 250.000 kg
Max. Startgewicht: 600.000 kg
Reisegeschwindigkeit: ca. 800 km/h

Blick in den hallenähnlichen Laderaum der An-225. Bei voller Beladung und Betankung beträgt das Startgewicht des Riesen sagenhafte 600 Tonnen!
(Foto: © Timo Breidenstein Photography)

AIRBUS A330-743L »BELUGAXL«
Der weiße Wal

Am Mittwoch den 22. Mai 2019 landete erstmals eine A330 Beluga XL auf dem Airbus-Werksflughafen Hamburg-Finkenwerder. Fünf Exemplare des größten, jemals von dem europäischen Flugzeughersteller eingesetzten Transportflugzeugs werden im europäischen Pendelverkehr zum Einsatz gelangen. Als pan-europäischer Flugzeughersteller mit Werken in Deutschland, Frankreich, Großbritannien und Spanien gegründet, war Airbus von Anbeginn auf eine funktionierende Transportlogistik ihrer dort hergestellten Großbauteile angewiesen. Zunächst befand sich im französischen Toulouse die einzige Endmontagelinie des als Airbus Industrie-Konsortium gestarteten Unternehmens. Für die Wahl des südfranzösischen Standorts sprach einerseits das dort gebündelte Know-how der an der SE 210 »Caravelle«- und »Concorde«-Produktion beteiligten Flugzeugbauer und andererseits das gemäßigte Klima im Südwesten Frankreichs das optimale Bedingungen für die Airbus-Testflüge erwarten ließ. Nachdem die Projektpartner bereits in einem frühen Planungsstadium festgelegt hatten, dass nicht kleine Strukturbauteile aus den europäischen Partner-Werken zur Endfertigung angeliefert werden sollten, sondern komplett mit Systemen ausgerüstete

Die Aero Spacelines 377SGT wurden ursprünglich im Auftrag der NASA für den Transport von Saturn-Raketenstufen nach Florida zur Endmontage inCape Caneveral gebaut. (Foto: © NASA)

In diesem Bild ist die ursprüngliche Rumpfform der Boeing C-97 »Stratofreighter« als eine auf dem Kopf stehende Acht gut zu erkennen. Der Boeing-Militärfrachter diente als Basis für die »Super Guppy«-Konversionen. (Foto: © Alan Wilson, CC BY-SA 2.0)

Zum Verladen der sperrigen Frachten wird kurzerhand die komplette Bugsektion der »Super Guppy« zur Seite geklappt. Die Personen am Boden geben einen guten Größenvergleich ab. (Foto: © NASA)

Im Jahr 1972 holt diese »Super Guppy« am Flughafen Manchester Airbus-Flügel aus dem BAe Systems-Werk Broughton für die anschließende Ausstattung mit allen beweglichen Teilen in Bremen ab.
(Foto: © Ken Fielding, CC BY-SA 3.0)

Bis zu vier Aero Spacelines 377SGT 201 »Super Guppy« waren die ersten Transportmaschinen der Airbus Industrie.
(Foto: © Sammlung Wolfgang Borgmann)

Die NASA erhielt den »Airbus Transporter 04« als Gegenleistung für den Transport von zwei Experimenten der europäischen Raumfahrtagentur ESA ins Weltall zur internationalen Raumstation ISS.
(Foto: © NASA)

Treffen der Titanen: Fünf Airbus A300-600ST »Beluga«-Transportmaschinen sind zu einem Pressefoto versammelt. (Foto: © Airbus)

Die Airbus A300-600ST »Beluga« wurden als zweite Airbus-Transportergeneration nicht nur für die Beförderung von Flugzeug-Bauteilen zwischen den europäischen Werken genutzt sondern auch zeitweilig auf dem externen Frachtchartermarkt angeboten. (Foto: © Airbus)

Hier wird ein 39 Tonnen schwerer Chemietank nach Le Havre an der französischen Atlantikküste transportiert. (Foto: © Airbus)

»Beluga« in Formation mit der französischen Kunstflugstaffel »Patrouille de France«. Die Alpha Jets vermitteln einen guten Vergleich in Sachen Flugzeuggröße. (Foto: © Airbus)

Rumpfsektionen und Tragflächen, galt es zunächst die Frage zu klären wie dies in der Praxis umzusetzen ist. Eine Verladung der Airbus-Komponenten per Schiff wäre sowohl vom britischen Broughton als auch von Hamburg an der Elbe oder dem am Atlantik gelegenen französischen Werk in Saint-Nazaire möglich gewesen. Der Knackpunkt an dieser Idee war jedoch die Lage von Toulouse im Binnenland, was daher nur über einen kombinierten Transport per Hochseeschiff / Binnenschiff / Lkw mit zweimaligem Umladen erreichbar war – und so verschwand diese Idee schnell wieder aus den Köpfen der beteiligten Logistiker. Die alternativ angedachte Beförderung der 5,6 Meter im Durchmesser großen Rumpftonnen sowie der Tragflächen auf dem europäischen Straßennetz hätte zum permanenten Ausnahmezustand auf den damals noch nicht gut ausgebauten Verkehrsadern Europas geführt, während der Bahntransport auf Grund der Übergröße der Bauteile von vornherein nicht in Betracht kam. Ganz abgesehen von dem Risiko, dass die empfindlichen Bauteile bei Landtransporten leicht hätten beschädigt werden können. Eine Erfahrung die Boeing bis heute macht, denn die per Bahn aus Wichita nach Seattle zur Endmontage angelieferten 737-Rümpfe sind ein beliebtes Ziel von Waffennarren, die diese Transporte für ihre Schießübungen nutzen. Der Luftweg schien somit für Airbus die sicherste und schnellste Art der pan-europäischen Bauteil-Logistik – doch welches Flugzeug war in der Lage diese Aufgabe zu übernehmen? Die Antwort auf diese brennende Frage lieferte die amerikanische Weltraumbehörde NASA und ihr Programm bemannter Flüge zum Mond. Wie die Europäer war auch die NASA auf der Suche nach einer Lufttransportmöglichkeit der an verschiedenen Standorten in den USA vormontierten Saturn V-Raketenbauteile, die nach Florida zur Endmontage der Mondrakete zu transportieren waren. Die Lösung der Transportprobleme bot Jack Conroy. Er hatte zusammen mit Lee Mansdorf Anfang der 60er-Jahre mit der Umrüstung von Boeing 377 »Stratocruiser«-Passagierflugzeugen und ihren militärischen C-97 Pendants zu Frachtern für großvolumige Ladungen begonnen. Ihr 1961 gegründetes Unternehmen Aero Spacelines baute diverse Modelle in unterschiedlichen Größen. Der »Pegnant Guppy« folgte die noch größere »Super Guppy« mit vier Pratt & Whitney T-34P7 Turboprop-Motoren, deren erstes Exemplar sich aus Komponenten der einstigen Pan American Boeing 377 »Clipper Constitution« sowie der BOAC Maschinen G-ALSB »Champion« und G-ALSC »Centaurus« zusammensetzte. Sämtliche nachfolgenden Maschinen basieren hingegen auf militärischen Boeing C-97 Rümpfen, Tragflächen und Leitwerken. Die erste Aero Spacelines 377SG »Super Guppy« konnte bereits von vorne mit Bauteilen be- und entladen werden nachdem der komplette Bug, einschließlich des Cockpits zur Seite geschwenkt wurde. Das erste Exemplar, das sich noch bezüglich Form und Antrieb von den späteren Airbus-Maschinen unterschied, startete am 31. August 1965 zu seinem Erstflug am Aero Spacelines-Firmensitz Van Nuys. Fünf weitere Jahre sollten vergehen bis die weiter entwickelte Version 377SGT 201 am 24. August 1970 das Flugtestprogramm aufnahm. Nachdem Airbus das erste Exemplar 1971 erworben hatte, gab der europäische Flugzeughersteller 1973 die Produktion eines weiteren Exemplars in den USA in Auftrag. Dabei blieb es zunächst, bis Airbus nach dem Hochfahren der A300-Produktion 1978 den Bedarf für zwei zusätzliche »Super Guppy« anmeldete und somit eine Verdoppelung seiner Transporter-

Flotte plante. Aero Spacelines schloss daraufhin mit Airbus Industrie einen Lizenzvertrag über den Bau dieser von UTA Industries in Paris-Le Bourget für Airbus hergestellten Flugzeuge. Das erste Exemplar mit der Nummer »3« im Heck feierte im Mai 1982 seinen Roll-Out, und wurde von Airbus mit dem Kennzeichen F-GDSG im August des Jahres in Dienst gestellt. Die vierte und letzte produzierte »Super Guppy« flog erstmals am 21. Juni 1983 mit dem Kennzeichen F-GEAI. Der Betrieb der vier Maschinen oblag Aéromaritime die von der französischen Fluggesellschaft UTA zu diesem Zweck in Paris-Le Bourget gegründet wurde. Die Produktion jeder einzelnen A300 und A310 erforderte acht Flüge der »Super Guppy«-Flotte mit einer Gesamtflugzeit von 45 Stunden bei der sie eine Entfernung von 12.875 Kilometer zurücklegten. Während Bremen und Hamburg (beide MBB), Getafe bei Madrid (CASA), Nantes und St. Nazaire (beide Aérospatiale) über eigene Werksflughäfen und Verladestationen der dort gefertigten Bauteile verfügten, wurden die rund 20 Tonnen wiegenden Flügelpaare einer A300 gut verpackt von Broughton zum nahegelegenen Verkehrsflughafen Manchester per Straßentransport befördert und erst dort an Bord der »Super Guppy« verstaut. Erstes Ziel auf dem Weg zur Endmontage war das MBB-Werk in Bremen, wo die Flügel mit den an anderen Standorten hergestellten beweglichen Komponenten komplettiert wurden. Da die voll funktionsfähig ausgerüsteten Flächen als Paar die maximale Nutzlast der SGT 201 überschritten hätten, mussten sie einzeln nach Toulouse per »Super Guppy« weiter transportiert werden.

Obgleich die unförmigen Frachter bei Böen und starkem Seitenwind nur schwer im Flug zu beherrschen waren erreichten sämtliche von ihnen transportierten Airbus-Bauteile unversehrt ihr Ziel. Dies selbst nach kleinen Ausflügen in die Grünstreifen seitlich der Landebahnen, nachdem nordeuropäische Sturmböen Mensch und Maschine an ihre Grenzen brachten. Airbus verdankt ihren vier »Super Guppy« nicht mehr und nicht weniger als die Existenz als pan-europäischer Flugzeugbauer. Ohne ihre Hilfe wäre das gigantische Logistik-Puzzle ab den 70er-Jahren nicht zu vollenden gewesen. Seit ihrer Ablösung durch Airbus A300-600ST »Beluga« erinnern je ein im Airbus-Werk Hamburg-Finkenwerder und im Luftfahrtmuseum »Aeroscope« in Toulouse-Blagnac ausgestelltes Exemplar an dieses bedeutende Kapitel der Airbus-Geschichte. Eine Erfolgsstory die bei der NASA ihre Fortsetzung fand. Nachdem ihre erste »Super Guppy« 377SG im Jahr 1990 ausgemustert wurde, erhielt sie im Oktober 1997 die Aero Spacelines 377SGT 201 »Airbus Transporter 04« als Gegenleistung für den Transport von zwei Experimenten der europäischen Raumfahrtagentur ESA zur internationalen Raumstation ISS. Die »Super Guppy« der NASA stand auch im Sommer 2019 für die US-Raumfahrtagentur im aktiven Einsatz. Unter anderem wurde sie bei Spezialtransporten von Satelliten oder Raketenbauteilen im Rahmen von Weltraummissionen genutzt.

Ab 1995 lösten schrittweise fünf »Beluga« ihre »Super Guppy«-Vorgängerinnen auf dem dichten Airbus-Werksverkehr zwischen den europäischen Standorten ab. Die von der Airbus-Tochtergesellschaft Airbus Transport International (ATI) betriebenen A300-600ST basieren auf der Frachtausführung des A300-600 Serienflugzeugs. Analog zur »Super Guppy« wurden ihre Rumpfunterschalen um den voluminösen Aufbau darüber ergänzt und das komplette Cockpit auf das Niveau des Unterflurfracht-

Mit voller Zuladung beträgt die Reichweite einer A300-600ST gerade einmal 1.667 Kilometer. Allerdings liegen die Gewichte der transportierten Airbus-Baugruppen meist weit unter der maximalen Nutzlast des Spezialflugzeugs. (Foto: © Airbus)

Fast wundert man sich, dass so etwas fliegen kann. Dieses Foto zeigt nochmal die ungewöhnliche Konstruktion des Airbus. (Foto: © Airbus)

Diese Aufnahme zeigt, wofür die »Beluga« entwickelt wurde. Ohne sie wäre die europäische Airbus-Produktion mit den beiden Endmontagelinien in Hamburg und Toulouse nicht möglich. (Foto: © Airbus)

Wie das Vorgängermodell wurde auch die »Beluga« aus einem existierenden Flugzeugtyp abgeleitet. In diesem Fall das finale Modell der A300-Baureihe. Das Cockpit wurde nach unten versetzt, um maximalen Frachtraum zu schaffen. (Foto: © Airbus)

Airbus startete das »Beluga XL«-Programm im November 2014, um mit fünf größeren Transportern den Fertigungshochlauf ihrer erfolgreichen Flugzeugfamilien bewältigen zu können. (Foto: © Airbus)

Anlässlich ihres Jungfernflugs am 19. Juli 2018 erhielt die erste Maschine diese Sonderlackierung im Stil des namensgebenden weißen Wals. (Foto: © Airbus)

Die »Beluga XL« basiert auf dem Langstreckenmuster A330, von dem sie die untere Rumpfschale samt Triebwerken, Leitwerk sowie das Cockpit übernommen hat. (Foto: © Airbus)

Der erfolgreiche Erstflug führte von Toulouse aus über Südfrankreich und dauerte vier Stunden und elf Minuten. (Foto: © Airbus)

raums abgesenkt. Das Ergebnis ist ein gigantischer Frachtraum mit einem Volumen von 1.400 Kubikmetern. Vergleicht man die »Beluga« mit dem viermotorigen Großtransporter Antonow An-124, so ist der Frachtraum der A300-600ST nochmals 1,20 m länger, 2,70 m höher und 0,70 m breiter als jener ihres ukrainischen Pendants. Mit einem Weltrekord demonstrierte ATI im Juni 1997, dass die »Beluga« auch für den Transport anderer Frachtgüter als Airbus-Baugruppen geeignet ist. Als größtes jemals zuvor geflogenes Frachtstück befand sich ein 39 Tonnen schwerer Chemietank mit den Rekordmaßen von 17,6 m Länge und 6,5 m im Durchmesser an Bord des »Beluga«-Fluges vom zentralfranzösischen Clermont-Ferrand nach Le Havre an der französischen Atlantikküste. Nur der Frachtraum eines »weißen Wals« erlaubte die Zuladung dieser außergewöhnlichen Luftfracht. Gegenüber dem alternativen Straßentransport war der Luftweg zwar viermal so teuer, doch im Ergebnis wesentlich schneller und sicherer abzuwickeln als der Transport per Tieflader über die gesamte Strecke. Mit diesem und anderen spektakulären Flügen testete ATI in den 90er-Jahren die Tauglichkeit der A300-600ST für den kommerziellen Einsatz im Markt für Frachtsendungen mit Übergröße. Mit voller Zuladung von 47 Tonnen reichte die Tankfüllung einer »Beluga« in den ersten Jahren gerade einmal für eine Flugstrecke von 1.667 Kilometern. Erst mit der fünften gebauten Maschine stieg die Tankkapazität der A300-600ST um weitere fünf Tonnen. Die übrigen vier Exemplare wurden im Jahr 2001 entsprechend nachgerüstet. Diese Steigerung des maximalen Startgewichts auf 160 Tonnen reichte aus, um die »Beluga« für eine Nonstop-Überquerung des Nordatlantiks bei 30 Tonnen Nutzlast zu qualifizieren. Dass die »Beluga«-Flotte derzeit nur noch selten auf Flügen außerhalb des Airbus-Verbundes zum Einsatz gelangt liegt vor allem an dem Erfolg der A320, A330 und A350-Programme, deren hohen Produktionszahlen alle fünf A300-600ST auf den Werksverkehr-Routen unverzichtbar macht.

Im November 2014 startete Airbus das als Ablösung der A300-600ST gedachte Beluga XL-Programm, um die erforderlichen Transportkapazitäten für den Produktionshochlauf der A350 XWB und die gesteigerten Fertigungsraten im A320-Programm sicherzustellen. Die BelugaXL basiert auf dem Airbus A330-200 Langstreckenjet und ist das bislang größte Flugzeug, das seit 1971 auf dem pan-europäischen Werksverkehr des Flugzeugherstellers zum Einsatz gelangt. Das abgesenkte Cockpit, die Frachtraumstruktur sowie das Heck und Leitwerk verleihen dem Flugzeug sein einzigartiges Aussehen, das auf den ersten Blick seiner direkten Vorgängerin in der »Wal-Familie« ähnelt – sich bei näherer Betrachtung jedoch in zahlreichen aerodynamischen Detaillösungen, vor allem bei der Heckpartie von dieser deutlich unterscheidet. Nach der endgültigen Festlegung des BelugaXL-Designs im September 2015 begann im Jahr darauf die Montage der aus ganz Europa angelieferten Komponenten des Basisflugzeugs in der regulären A330-Endmontagelinie. Die unteren Rumpfsegmente, ohne das Cockpit, Tragflächen und Fahrwerke wurden soweit vormontiert, dass das im Entstehen befindliche Spezialflugzeug zumindest für eine kurze Strecke rollfähig war. Die eigentliche Verwandlung zum BelugaXL erfolgte in einer separaten Produktionshalle auf dem Airbus-Werksgelände in Toulouse. Erstmals wurde der neue Transporter in seiner extra für ihn entworfenen BelugaXL-Lackierung am 28. Juni 2018 der Öffentlichkeit präsentiert.

DIE GIGANTEN

Am 19. Juli 2018 verkündete Airbus, dass die erste von fünf geplanten BelugaXL nach ihrem Erstflug von 4 Stunden und 11 Minuten Dauer um 14:41 Uhr Ortszeit am wieder in Toulouse-Blagnac gelandet ist. Die Crew bestand aus Kommandant Christophe Cail und Kopilot Bernardo Saez-Benito Hernandez sowie dem Versuchsflugingenieur Jean Michel Pin. Mit dieser Premiere begann für die BelugaXL die auf rund 600 Flugstunden in zehn Monaten angelegte Flugerprobung mit dem Ziel der Musterzulassung und Indienststellung im Laufe des Jahres 2019. Die fünf Flugzeuge werden im Airbus-Transportsystem große Flugzeugkomponenten zwischen elf Standorten bewegen.

Wie ihre kleinere Schwester erhielt auch die »Beluga XL« zwei stabilisierende Endscheiben am Höhenleitwerk. (Foto: © Airbus)

Technische Daten der Airbus-Transporter Aero Spacelines 377SGT 201 »Super Guppy«

Spannweite: 47,61 m
Länge: 43,83 m
Höhe: 14,71 m
Triebwerke: 4 x Allison 501-D-22e
Laderaum
Nutzbare Länge: 33,90 m
Länge mit konstanter Höhe: 9,75 m
Breite maximal: 7,65 m
Breite der Ladefläche: 3,96 m
Max. Abfluggewicht: 77,11 Tonnen
Max. Nutzlast: 24 Tonnen
Max. Flughöhe: 7.315 m

Airbus A300-600ST »Beluga«

Spannweite: 44,84 m
Länge: 56,15 m
Höhe: 17,24 m
Triebwerke: 2 x General Electric GE CF6-80C2A8
Laderaumvolumen: 1.400 Kubikmeter
Max. Abfluggewicht: 160.000 kg
Max. Nutzlast: 47.000 kg
Max. Flughöhe: 10.668 m

Airbus A330-743L »BelugaXL«

Spannweite: 60,30 m
Länge: 63,10 m
Höhe: 18,90 m
Rumpfdurchmesser: 8,8 m
Transportkapazität: 2 A350-Tragflächen (100 Prozent mehr als A300-600ST)
Triebwerke: 2 x Rolls-Royce Trent 700
Laderaumvolumen: 2.615 Kubikmeter
Max. Abfluggewicht: 227.000 kg
Max. Nutzlast: 51.000 kg
Max. Reichweite: 4.000 km
Geplanter Einsatz ab 2019

Die Erstflugbesatzung um Kapitän Christophe Cail wird nach der erfolgreichen Premiere am 19. Juli 2018 von Airbus-Mitarbeitern bejubelt. (Foto: © Airbus)

Die »Beluga XL« verfügt im Vergleich zur 1. Generation der »Beluga« über 1.215 Kubikmeter mehr Laderaumvolumen. (Foto: © Airbus)

Mit einer maximalen Nutzlast von 51 Tonnen verfügt die »Beluga XL« über eine Reichweite von 4.000 Kilometern. Damit ist das Manko der 1. Generation beseitigt. (Foto: © Airbus)

Neben Emirates und Qatar Airways ist Etihad die dritte A380-Kundin aus der Golfregion. (Foto: © Airbus)

Auch die deutsche Lufthansa plant eine drastische Reduzierung ihrer A380-Flotte. Auf absehbare Zeit ist jedoch nicht an eine komplette Ausmusterung auf der Lufthansa-Langstrecke gedacht – anders als bei Air France oder Qatar Airways, die sich ganz von dem Muster trennen wollen. (Foto: © Lufthansa)

Obgleich die A380 seit dem Beschluss der Produktionseinstellung im Frühjahr 2019 in der Kritik steht, sind die Airbus-Mitarbeiter weiterhin von dem Megaliner begeistert. (Foto: © Airbus)

DIE GIGANTEN

AIRBUS A380
Das größte Passagierflugzeug der Welt

Ende der 80er-Jahre hatte Airbus eine umfangreiche Produktpalette auf den Markt gebracht die sämtlichen Flugzeugmustern des Hauptkonkurrenten Boeing, mit einer einzigen Ausnahme Konkurrenz bieten konnte. Die Lücke im Angebot der Europäer war ein Jet in der Klasse des 747 »Jumbos« mit dem Boeing seit 1969 über ein lukratives Monopol verfügte. Im Jahr 1989 hatten die Amerikaner mit der 747-400 die damals neueste Version ihres Bestsellers herausgebracht die auf Anregung und mit erheblicher personeller Unterstützung der Lufthansa-Technikabteilung erstmals mit einem digitalen Glascockpit neuester Generation ausgerüstet war. Bei Airbus hingegen war mit der wesentlich kleineren A330/340-Familie die Kapazitätsgrenze bei Langstreckenjets nach oben erreicht und die Europäer mussten notgedrungen zusehen wie die Airlines ihren Bedarf an noch größeren Jets exklusiv und teuer bezahlt beim Erzrivalen aus Seattle deckten. Zu Beginn der 90er-Jahre starteten die Airbus-Partnerfirmen daher erste Versuche aus dieser Zuschauerrolle mit einem eigenen Projekt herauszukommen – selbst die gemeinsame Entwicklung mit Boeing eines Riesenvogels für 500 und mehr Passagiere wurde intensiv in gemeinsamen Arbeitsgruppen untersucht. Schließlich waren die technischen und wirtschaftlichen Differenzen zwischen Amerikanern und Europäern zu groß, so dass Airbus bereits 1994 mit der A3XX ein Konzept für ein doppelstöckiges Flugzeugmuster mit bis zu 630 Sitzen veröffentlichte, das in seinen Dimensionen bereits stark an die später verwirklichte A380-800 erinnerte. Am 23. Juni 2000 beschlossen die Airbus-Anteilseigner den potentiellen Erstkunden Air France, Emirates, Singapore Airlines und Virgin Atlantic konkrete Verkaufsangebote zu unterbreiten. Emirates ließ sich als erste Interessentin nicht lange bitten und unterzeichnete nur einen Monat später auf der Luftfahrtmesse im britischen Farnborough eine Absichtserklärung für die A380. Ein weiteres halbes Jahr verging bis der Airbus-Aufsichtsrat am 19. Dezember 2000 nach 50 Festbestellungen und 42 gezeichneten Optionen offiziell das Programm für die Produktion freigab. Zunächst schien der neue Mega-Airbus die in ihn gesetzten Verkaufserwartungen zu erfüllen. Die führenden Airlines aus Europa, dem Nahen Osten und Asien bestellten die laut aktuell gültiger Airbus-Preisliste je 445,6 Millionen US-Dollar teuren Superflugzeuge. Doch dann kamen die mit extrem sparsamen Triebwerken ausgerüsteten und nur zweistrahligen Langstreckenmaschinen wie Airbus A350, Boeing 777-9X und 787 auf den Markt, die wirtschaftliche Verbindungen selbst zwischen sekundären Airports ermöglichen. So ersparen sich die Passagiere den Umweg über die oft überfüllten Mega-Hubs des Luftverkehrs, von denen aus sich der Einsatz der großen A380 und 747 auf Grund der vielen Umsteigepassagiere für die Airlines erst lohnt. Und selbst die ursprünglich als Kurz- und Mittelstreckenjets konzipierten Maschinen der Airbus A320- und Boeing 737-Familien eröffnen in ihren neuesten Versionen mit großer Reichweite die Möglichkeit kürzere Langstreckenrouten mit geringem Aufkommen rentabel zu bedienen.

Die Konsequenz: nicht nur die A380 sondern auch die ultimative Boeing 747-8 »Intercontinental« wurden zu Ladenhütern und wirken gegenüber ihren kleineren Herausforderern wie Dinosaurier einer vergangenen Epoche. Das Ausbleiben von Aufträgen zwang Airbus am 14. Februar 2019

Air France erhielt im Jahr 2009 ihre erste von zehn A380 – plant jedoch nun, sämtliche Maschinen bis 2024 wieder auszumustern. Als Grund dafür wurde angegeben, dass die Flugzeuge zu groß dimensioniert seien. (Foto: © Airbus)

die Reißleine zu ziehen und die Einstellung des A380-Programms nach Auslieferung des letzten von 290 bestellten Exemplaren im Jahr 2021 zu verkünden. Als Ironie des Schicksals könnte man bezeichnen, dass ausgerechnet die Reduzierung der Emirates-Bestellung um 39 auf dann immerhin noch 123 Airbus A380-800 den Ausschlag für diese bittere Entscheidung gab. Schließlich war Emirates begeisterte 380-Erstkundin, betreibt weltweit die mit Abstand größte A380-Flotte und bietet mit Bars und selbst einer Dusche für First Class-Passagiere an Bord der Airbus-Megaliner ein am Himmel einzigartig exklusives Reiseerlebnis.

Als Airbus das Megaliner-Projekt startete lockte der Hersteller die Airlines mit der Ankündigung, dass die A380 mit bis zu 20 Prozent niedrigeren operativen Sitzkosten im Vergleich zur Boeing 747-400 fliegen würde.

Um diese Zusage zu erfüllen investierte Airbus in eine Reihe innovativer Technologien, die teilweise erstmals beim A380 im zivilen Flugzeugbau Verwendung fanden. Man sieht es den gigantischen Bauteilen der Airbus A380 auf den ersten Blick nicht an, doch mit ihnen wächst bis 2021 nicht nur das größte sondern auch in vielen Details technologisch fortschrittlichste Passagierflugzeug der Welt zusammen. In kein anderes Airbus-Muster zuvor wurden so viele High-Tech-Materialen und Systeme integriert wie in die A380. Ein Vergleich mit der Boeing 747 macht deutlich, welche Anstrengungen die Airbus-Ingenieure unternommen haben um ihren 555-Sitzer für das 21. Jahrhundert fit zu machen. Denn stolz verkündeten die europäischen Flugzeugbauer, dass ihre A380 ganze 15 Tonnen leichter sei als ein vergleichbar großes, in traditioneller 747-Bauweise hergestelltes Flugzeug. Damit dieses ambitionierte Ziel erreicht werden konnte setzten die europäischen Flugzeugbauer konsequent auf die Verwendung extrem belastbarer und gleichzeitig leichter Materialien. So bestehen nur 60 Prozent der A380 aus dem traditionell im Flugzeugbau verwendeten Aluminium. Die restlichen 40 Prozent entfallen hingegen auf modernste Verbundwerkstoffe auf Kohle- und Glasfaserbasis, in Kombination mit modernen Metallwerkstoffen. So werden beispielsweise der Heckkonus, die Seiten- und Höhenleitwerkkästen sowie der Flügelmittelkasten des Mega-Airbus aus Kohlefaser-Verbundwerkstoffen (CFK) produziert. Titan und Stahl haben einen Anteil von zusammen zehn Prozent am A380 während dessen obere Rumpfschalen aus einem der innovativsten Werkstoffe gefertigt werden die derzeit im zivilen Flugzeugbau zur Anwendung kommen. Das vom holländischen Airbus-Zulieferer Stork Fokker Aerospace in Zusammenarbeit mit niederländischen Forschungslabors entwickelte Hybridmaterial »Glare« setzt sich aus drei Lagen Aluminium zusammen, die sich mit zwei dazwischen liegenden Schichten eines Glasfaser verstärkten Metallklebstoffs abwechseln. »Glare« besticht durch seine Leichtigkeit und die im Vergleich zu reinem Aluminium verbesserte Ermüdungs-, Feuer- und Beschädigungsfestigkeit. Die beiden Glasfaserschichten verhindern zudem ein Ausbreiten von Korrosion unter den eingebetteten Aluminiumlagen. Die bis zu zehn Meter breiten und 3,5 m hohen »Glare«-Rumpfschalen weisen eine um rund zehn Prozent niedrigere Dichte gegenüber reinem Aluminium auf. Damit verringert sich das Gewicht jedes A380 allein durch den Einsatz von »Glare« um zirka 800 Kilogramm. Airbus beschränkt die Verwendung dieses High-Tech-Materials auf die oberen Rumpfschalen und setzt bei jenen Rumpfbereichen, die durch Bodenfahrzeuge im täglichen Abferti-

Im Frühjahr 2019 erhielt die japanische ANA die erste von drei im außergewöhnlichen Meeresschildkröten-Look lackierten A380. Neben der abgebildeten blauen »Lani« (Himmel) fliegt die türkisfarbene »Kai« (Ozean) sowie die orangene »La« (Sonne). (Foto: © Airbus)

Mit einem maximalen Startgewicht von 560 Tonnen ist die A380 das Schwergewicht unter den Passagierjets. (Foto: © Airbus)

Mit der Entwicklung der doppelstöckigen A380 betrat Airbus auf vielen Gebieten technologisches Neuland. Wie die 747 benötigt auch die A380 ein robusteres Fahrwerk. (Foto: © Airbus)

Die Weiterentwicklung der A380 mit noch effizienteren Triebwerken zur »Neo«-Version analog zu den A320- und A330-Baureihen war eine Option, die aufgrund der schwindenen Nachfrage jedoch nicht weiter verfolgt wurde. (Foto: © Airbus)

Die südkoreanische Fluglinie Asiana hat ihr Flaggschiff großzügig mit nur 495 Sitzplätzen bestuhlt – dabei ist die A380 für bis zu 830 Passagiere zugelassen! (Foto: © Airbus)

Fast schon sinnbildlich ist diese Aufnahme einer A380 im Sonnenuntergang. Das Megaliner-Programm wird im Jahr 2021 nach Auslieferung des letzten von nur 290 bestellten Flugzeugen endgültig eingestellt. (Foto: © Airbus)

Die australische Qantas war eine der Erstkundinnen der A380 und erhielt zwölf Maschinen. Die Stornierung von sechs weiteren Bestellungen trug im Frühjahr 2019 zum Ende des A380-Programms bei. (Foto: © Airbus)

Diese Aufnahme zeigt schön die gewaltigen Tragflächen des großen Airliners samt den hocheffektiven Auftriebshilfen. (Foto: © Airbus)

gungsbetrieb beschädigt werden können weiterhin auf konventionelles Aluminium. Dieses ist zwar schwerer doch kostengünstiger zu ersetzen als der teurere Verbundwerkstoff. Die Treibstoffersparnis leichter Materialen wird bei weitem durch die niedrigeren Instandhaltungskosten im Laufe eines Flugzeuglebens aufgefangen. Gewicht ist eben nur ein Teilaspekt in der Gesamtbetrachtung aller Betriebskosten eines Verkehrsflugzeugs.
Neben dem Einbau innovativer Materialen rüstete Airbus die A380 mit einer Reihe, eigens für dieses Muster entwickelten Systemen aus die zu einer weiteren Gewichtseinsparung führten. Ein Paradebeispiel ist das Hydrauliksystem das erstmalig in der Zivilluftfahrt mit dem zuvor nur bei Militärflugzeugen üblichen Druck von 5.000 psi (pounds per square inch = Pfund pro Quadrat-Inch) arbeitet. Der um 2.000 psi gegenüber anderen Verkehrsflugzeugen höhere Druck ermöglicht es die Hydraulikleitungen und deren Komponenten mit einem kleineren Durchmesser auszulegen. Das spart bei einer A380 immerhin rund eine Tonne an Gewicht pro Flugzeug ein. Neu entwickelte Techniken kommen auch bei der Produktion des Mega-Airbus zum Einsatz. So werden die »Stringer« genannten Längsversteifungen der unteren Rumpfschalen nicht mehr, wie traditionell üblich, an die Außenhaut genietet, sondern per Lasertechnik angeschweißt. Für dieses im einst zu Airbus gehörenden Werk Nordenham bei Bremen entwickelte und »Laser beam welding« genannte High-Tech-Verfahren erhielt Airbus den »Innovationspreis der deutschen Wirtschaft 1999«. Die Vorteile des Schweißens gegenüber dem Nietverfahren liegen in einer größeren Widerstandsfähigkeit gegenüber Korrosion sowie einem verbesserten Ermüdungsverhalten. Trotz aller Bemühungen der Gewichtsreduzierung mussten die Airbus-Ingenieure im Jahr 2001 eingestehen, dass die A380 rein rechnerisch mehrere Tonnen über dem angestrebten Leergewicht lag. Speziell auf das »Abspecken« der A380 angesetzte Ingenieur-Teams schafften es jedoch den Mega-Airbus soweit fit zu machen, dass die Serienflugzeuge mit dem vertraglich zugesagten Betriebsleergewicht von 276,8 Tonnen und einem maximalen Startgewicht von 560 Tonnen an die Kunden ausgeliefert werden konnten.
Doch was wäre ein technologisch auf dem höchsten Stand gebautes Verkehrsflugzeug ohne effiziente Triebwerke? Beim Airbus A380 haben die Airlines die Auswahl zwischen zwei Antriebsalternativen: dem britischen Rolls-Royce Trent 900 und dem amerikanischen GP 7270 der Engine Alliance von Pratt & Whitney und General Electric. Beide Triebwerksvarianten unterbieten die strengsten international gültigen Lärmvorschriften gemäß dem ICAO »Chapter 3« und erfüllen selbst die nochmals verschärften Auflagen, »QC2« für Starts und »QC1« für Landungen, des Flughafens London-Heathrow.
Mit ihren hunderten, in Übersee gefertigten Bauteilen ist die A380 weit mehr als ein rein europäisches Gemeinschaftsprojekt. Seien es Flügelspitzen aus Australien, Notrutschen »Made in USA« oder japanische Frachttüren – mehr als 60 Luft- und Raumfahrtunternehmen aus vier Kontinenten sind an der Produktion einer A380 beteiligt. Sie liefern den 16 europäischen Airbus-Standorten zu, deren A380-Arbeitspakete entsprechend den individuellen Kernkompetenzen der einzelnen Werke verteilt sind. So ist Airbus in Deutschland mit der Herstellung von Seitenleitwerk, Druckspant und Landeklappen aus Kohlefaserverbundwerkstoffen (CFK), von Rumpfsegmenten sowie der Kabinenausrüstung und Lackierung der Jets befasst.

DIE GIGANTEN

Der britische Airbus-Ableger übernahm, wie bei allen anderen Airbus-Mustern auch, die Produktion der Tragflächen, während Airbus España das Höhenleitwerk, Rumpfheck, Seitenruder und Teile der Rumpfverschalung herstellt. Schließlich ist bei Airbus in Frankreich, neben der Endmontage in Toulouse, der Bau des A380-Bugs mit der Cockpitsektion sowie des zentralen Rumpfsegments angesiedelt.

Endmontage in Toulouse und Hamburg

Die schiere Größe der A380 macht es erforderlich, dass die meisten Bauabschnitte des Riesenvogels auf dem Land- und Seeweg zwischen den Airbus-Werken bewegt werden. Mit zwei Ausnahmen: die 9,5 Meter langen und 3,9 Tonnen schweren Spitzen des Rumpfhecks werden an Bord der Airbus A300-600ST »Beluga«-Transporter vom Airbus España Werk in Getafe nach Hamburg geflogen, um in Finkenwerder an das hintere, bei Airbus Deutschland hergestellte Rumpfteil angebaut zu werden. Zusammen ergeben sie die 22,8 Meter lange, komplette hintere Rumpfsektion des A380. Ebenfalls früh »flügge« wird das in Stade gebaute Seitenleitwerk, das an Bord der »Belugas« über Hamburg an die Endmontage in Toulouse abgeliefert wird. Bevor die riesigen Baugruppen der A380 die Endmontagelinie im eigens errichteten »Aeroconstellation«-Komplex in Toulouse erreichen, werden die Rumpfsektionen, Leitwerke und Tragflächen bereits in den Werken der Airbus-Partnerfirmen mit den meisten Systemen ausgerüstet. Doch keine Regel ohne Ausnahmen. So erhalten die aus dem Airbus UK-Werk Broughton angelieferten Tragflächen erst in Toulouse die per Lkw aus Bremen eingetroffenen Landeklappen und andere bewegliche Bauteilen. Herzstück der deutschen A380-Beteiligung ist die zweite offizielle Endmontagelinie in Hamburg-Finkenwerder. Hier werden die vorderen und hinteren Rumpfsegmente produziert und die in Toulouse »grün « fertig gestellten Mega-Airbus nach dem Überführungsflug mit ihren Kabineneinrichtungen ausgerüstet und in den individuellen Airline-Farben lackiert. Im August 2003 startete in Hamburg die Sektionsmontage der Rumpfsegmente in der 228 Meter langen, 120 Meter breiten und 23 Meter hohen Major Component Assembly (MCA)-Halle. Die dort montierten »Rumpftonnen« werden an Bord von Roll-on/Roll-off (Ro/Ro)- Spezialschiffen in das französische St. Nazaire gebracht wo sie mit dem französischen Bug zu einer der drei vorproduzierten Einheiten der insgesamt 73 Meter langen Flugzeugzelle vereint werden. Nach einem weiteren kombinierten Schiff- / Lkw-Transport erreicht der in deutsch/französischer Kooperation entstandene A380-Vorderrumpf schließlich die Endmontagelinie in Toulouse.
Vor Auslieferung des ersten Serienflugzeugs im Jahr 2006 an Singapore Airlines wurde ein kompletter Airbus A380-800 am Dresdner Flughafen härtesten Belastungstests im Rahmen seines Zulassungsverfahrens unterzogen wofür Airbus die darauf spezialisierte Firma IABG beauftragte. Allein der Wassertransport auf der Elbe von Hamburg nach Dresden der großen 380-Baugruppen sorgte Ende September 2005 für großes Aufsehen! In 47.500 simulierten Flügen musste der Mega-Airbus dabei seine Strukturfestigkeit unter Beweis stellen. Zusammen mit dem Unterauftragnehmer IMA errichtete die IABG eigens für diese Versuche eine neue Testhalle am Flughafen Dresden die für die beeindruckenden Dimensionen des Mega-Airbus maßgeschneidert wurde. Keine 14 Jahre später, nach nicht einmal

Thai International ist eine von zahlreichen asiatischen Fluglinien, die A380 auf ihren Hauptrouten innerhalb Asiens, nach Nordamerika sowie Europa einsetzen. (Foto: © Airbus)

Eine A380-Werksmaschine über Washington D.C. Trotz intensiver Bemühungen konnte Airbus keinen einzigen Kunden in Nord- und Südamerika für die A380 gewinnen. (Foto: © Airbus

Dank ihrer leisen Triebwerke erfüllt die A380 ungeachtet ihrer Größe selbst die strengsten Lärmkriterien von Flughäfen mit enger Randbebauung wie London-Heathrow. (Foto: © Airbus

Im Gegensatz zur 747 von Boeing ist die A380 durchgehend zweistöckig ausgelegt. Doch ihre Größe war von Anfang an auch eins ihrer Probleme und der Markt für solche Riesen wurde zu optimistisch eingeschätzt (Foto: © Airbus)

Die portugiesische Airline Hi Fly weist mit dieser Sonderlackierung auf die weltweite Bedrohung der Korallenriffe hin. (Foto: © Airbus)

Das Flaggschiff wird immer gerne vorgeführt: Formationsflug einer A380 der Emirates Airlines mit Sitz in Dubai zusammen mit dem Kunstflugteam der Luftwaffe der Vereinigten Arabischen Emirate. (Foto: © Airbus)

der Hälfte der normalerweise üblichen Lebensdauer eines Langstreckenjets werden bereits die ersten A380 von Singapore Airlines wieder verschrottet. Nicht etwa aus technischen Gründen, sondern weil sie in Konkurrenz zu den kleineren und moderneren Jets nicht mehr wirtschaftlich einsetzbar sind. Damit hatten die »Väter und Mütter« der A380 beim Programmstart im Jahr 2000 ganz bestimmt nicht gerechnet. Wenn die A380 für Airbus nach nur 290 verkauften Exemplaren auch ein wirtschaftliches Desaster ist, so bleibt doch die positive Erkenntnis, dass Airbus seinem amerikanischen Erzrivalen Boeing technologisch mindestens ebenbürtig ist – gleich wie groß die Herausforderung im Flugzeugbau auch sein mag.

Technische Daten Airbus A380-800

Länge: 72,30 m

Spannweite: 79,80 m

Höhe: 24,10 m

Reichweite: ca. 14.800 km

Antrieb: alternativ 4 x Engine Alliance GP 7200 oder 4 x Rolls-Royce Trent 900

Tankkapazität: 328.540 Liter

Verbrauch: rund 3,3 Liter Kerosin je Passagier auf 100 km

Max. Startgewicht: 569.000 kg

Max. Landegewicht: 391.000 kg

Reisegeschwindigkeit: ca. 915 km/h

Reiseflughöhe: ca. 13.100 m

Das Gewicht des Riesen wird über das vielteilige Fahrwerk möglichst gleichmäßig auf die Rollbahn verteilt. (Foto: © Airbus)

DIE GIGANTEN

SCALED COMPOSITES MODEL 351 »STRATOLAUNCH« Flügel mit Rekordmaßen

Man nehme die Cockpits, Fahrwerke, Elektronik- und Hydraulik-Komponenten sowie die Triebwerke von zwei gebraucht erworbenen Boeing 747-400, kombiniere sie mit zwei neu gebauten riesigen Rümpfen und einer Tragfläche mit Rekordmaßen – fertig ist das Flugzeug mit der größten Spannweite der Welt, die stolze 117 Meter misst. Diesen Titel, den bis dahin die Hughes H-4 »Spruce Goose« des Jahres 1947 inne hatte erwarb sich die »Stratolaunch« mit ihrem Erstflug am 13. April 2019.
Sie ist nicht nur das größte, sondern mit Sicherheit auch eines der ungewöhnlichsten Flugzeuge der Luftfahrtgeschichte und wurde nur zu dem Zweck gebaut als fliegende Startplattform Raketen und Raumschiffe aus großer Höhe im Flug zu ihrer Weltraum-Mission zu starten. Laut Stratolaunch ein wesentlich wirtschaftlicheres Verfahren als konventionelle Raketenstarts vom Boden aus. Initiator des Stratolaunch-Projektes und Hauptgeldgeber war der im Jahr 2018 verstorbene Microsoft-Mitbegründer Paul G. Allen. Die Fliegerei hatte es Allen schon früh angetan, der zeitlebens in Kalifornien eine der weltweit bedeutendsten Sammlungen historischer Flugzeuge fast unbemerkt von der Öffentlichkeit aufgebaut hatte. Auch wenn Allen den Erstflug der »Stratolaunch« vom Mojave Air & Space Port aus nicht mehr selbst erleben sollte so führt sein Team die einstige Vision zum kommerziellen Projekt fort. Das Flugzeug ist so konstruiert, dass es unter der verstärkten Flügelmitte Außenlasten mit einem Gewicht von bis zu 227 Tonnen in die Stratosphäre befördern kann, bevor diese dort ausklinken und mit eigenem Raketenantrieb in den Orbit starten.
Stratolaunch rechnet damit ab 2020 die erste von Northrop Grumman Innovation Systems gebaute »Pegasus XL«-Rakete mit einer Nutzlast von bis zu 450 Kilogramm aus dem Flug heraus ins All starten zu lassen. Bislang werden Raketen dieses Typs von einer umgebauten Lockheed L-1011 »TriStar«, ebenfalls vom Mojave Air & Space Port aus im Flug abgesetzt bevor ihre erste Raketenstufe zündet. Der »Pegasus XL« soll das »Medium Launch Vehicle« für große und schwere Lasten mit einem Gewicht von bis zu sechs Tonnen folgen. »Space Plane« ist ein weiteres Projekt in der frühen Entwicklungsphase das eines Tages auf bemannten Flügen mit Unterstützung durch »Stratolaunch« auch Astronauten in den Weltraum befördern wird. Gebaut wurde das Scaled Composites Model 351 von gleichnamigem Unternehmen an dessen Firmensitz in der kalifornischen Mojave-Wüste. In dem auf die Produktion von Einzelstücken und Kleinserien aus GFK-Kunststoff spezialisierten Unternehmen entstehen unter anderem die ebenfalls in diesem Buch vorgestellten Raumfahrzeuge der Virgin Galactic sowie deren Startflugzeug »White Knight«.

Die Cockpit-Sektion dieser ungewöhnliche Konstruktion stammt von zwei ausgemusterten Boeing 747-400. (Foto: © Stratolaunch Systems Corp.)

Stratolaunch Systems wurde von Paul G. Allen mit dem Zweck gegründet, Raketen und Weltraum-Shuttles in großer Höhe kostengünstig vom »Stratolaunch« aus abzusetzen. (Foto: © Stratolaunch Systems Corp.)

Mit 117 Metern verfügt die sechsmotorige Scaled Composites Model 351»Stratolaunch« über die größte Spannweite aller jemals gebauten Flugzeuge.
(Foto: © Stratolaunch Systems Corp.)

Die doppelrumpfige Maschine wird vom rechten Flugdeck aus gesteuert, das einer Boeing 747-400 entnommen wurde.
(Foto: © Stratolaunch Systems Corp.)

Der kalifornische Mojave Air & Space Port ist Startplatz der »Stratolaunch«-Flüge. Hier wird die Maschine gerade für einen weiteren Testflug vorbereitet. (Foto: © Stratolaunch Systems Corp.)

Eine Schönheit ist die Maschine wahrlich nicht, doch für den speziellen Einsatzzweck ist die Doppelrumpf-Konstruktion sehr effektiv. (Foto: © Stratolaunch Systems Corp.)

Das ungewöhnliche Flugzeug startete am 13. April 2019 zu seinem Erstflug, dessen Verlauf von einer Begleitmaschine aus kontrolliert wurde. (Foto: © Stratolaunch Systems Corp.)

Technische Daten
Scaled Composites Model 351 »Stratolaunch«

Länge: 73 m

Spannweite: 117 m

Höhe: 15 m

Antrieb: 6 x Pratt & Whitney PW 4056

Max. Startgewicht: 590.000 kg

Max. Nutzlast: ca. 249.000 kg

Flughöhe: 11.000 m

Reichweite: ca. 15.000 km

Das gesamte »Stratolaunch«-Projektteam nach dem erfolgreichen Erstflug am 13. April 2019. (Foto: © Stratolaunch Systems Corp.)

Stratolaunch rechnet damit ab 2020 die erste von Northrop Grumman Innovation Systems gebaute »Pegasus XL«-Rakete mit einer Nutzlast von bis zu 450 Kilogramm aus dem Flug heraus ins All starten zu lassen. (Foto: © Stratolaunch Systems Corp.)

BÄUMER »SAUSEWIND«
»Ferrari der Lüfte« in den 20er Jahren

Die Entwicklung des Bäumer Aero B II »Sausewind« gilt als Startschuss für den Bau von aerodynamisch ausgefeilten Flugzeugen in Deutschland. Im Ersten Weltkrieg war Paul Bäumer einer der berühmtesten deutschen Jagdflieger und als Träger des Tapferkeitsordens »Pour le Mérite« so berühmt wie die Fliegerasse Max Immelmann und Freiherr Manfred von Richthofen – der legendäre »Rote Baron«. Der verlorene Erste Weltkrieg bedeutete für Bäumer wie für alle anderen deutschen Piloten zunächst das Ende ihrer fliegerischen Ambitionen. Im Versailler Friedensvertrag war festgelegt, dass alle deutschen Fluggeräte an die Siegermächte auszuliefern oder zu vernichten sind. Die Herstellung und Einfuhr von Motorflugzeugen war den Deutschen ebenfalls verboten. Im gleichen Maße wie diese Beschränkungen in den ersten Nachkriegsjahren das vorläufige Aus für den Motorflug in Deutschland bedeuteten verhalfen sie dem weiterhin gestatteten Segelflug zu seiner Glanzzeit. Das berühmte Segelfluggelände »Wasserkuppe« in der Rhön wurde zum Treffpunkt der Deutschen Luftfahrtelite – und Paul Bäumer war mit dabei. Die ersten akademischen Fliegergruppen zogen auf die Wasserkuppe und Luftfahrtingenieure der zwangsweise geschlossenen Flugzeugfabriken steckten ihr ganzes Know-how in die Entwicklung neuer Hochleistungssegler. Am 7. November 1922 gründete Paul Bäumer mit finanzieller Unterstützung seines wohlhabenden Kriegskameraden Harry von Bülow-Bothkamp die Bäumer Aero GmbH. Im Gesellschaftsvertrag ist u.a. der »Vertrieb von Flugzeugen und allem Zubehör zu Flughafen und Luftschiffahrt« vermerkt. Tatsächlich beschränkte sich das Unternehmen zunächst auf den Verkauf von Flugzeugen des Udet-Flugzeugbaus und der Dietrich-Flugzeugwerke. Zur schicksalhaften Begegnung auf der Wasserkuppe wurde das Zusammentreffen Bäumers mit einer Gruppe junger Studenten der Technischen Hochschule Hannover. Walter Günter, Siegfried Günter, Walter Mertens und Werner Meyer-Cassel testeten dort im Winter 1923/24 ihren extrem leicht gebauten Hochleistungssegler H-6. Paul Bäumer erkannte die Begabung der vier Studenten und engagierte jenes Quartett das bis über seinen Tod hinaus der Bäumer Aero GmbH die Treue halten sollte. Vor allem für Siegfried Günter war die Anstellung bei der Bäumer Aero GmbH in Hamburg der erste Schritt auf einer steilen Karriereleiter im deutschen Flugzeugbau. Der große Wurf gelang dem Ingenieurteam mit dem Bäumer »Sausewind«, der Ende Mai 1925 zu seinem Erstflug startete. Der offene, zweisitzige Tiefdecker hatte ein für damalige Verhältnisse revolutionäres Aussehen. Der stromlinienförmig gedrungene Rumpf und die saubere Oberfläche der elliptisch geformten Tragflächen verrieten, dass der »Sausewind« – Nomen est Omen – für hohe Geschwindigkeiten gedacht war. Tatsächlich ging seine Entwicklung auf eine Ausschreibung der Berliner Tageszeitung » B.Z. am Mittag« zurück deren mit 100.000 Reichsmark dotierter »B.Z. Preis der Lüfte« auch Paul Bäumer lockte. Die Teilnehmerflugzeuge des »Deutschen Rundflugs 1925« starteten am 31. Mai über eine Distanz von insgesamt 5.242 Kilometern. Paul Bäumer am Steuer des »Sausewinds« bewältigte die fünf jeweils zweitägigen Etappen – inklusive mehrerer Notlandungen – in einer Gesamtflugzeit von 91 Stunden und 12 Minuten. Damit belegte er den zweiten Platz in der Gruppe »B« für Flugzeuge mit maximal 80 P.S. starken Motoren. Als Lohn winkte eine Siegesprä-

Wie auf dem Briefkopf der Bäumer Aero GmbH zu lesen, war der Flugzeughersteller am Hamburger Flughafen angesiedelt und unterhielt zudem ein Büro am Prachtboulevard Jungfernstieg in der Hamburger Innenstadt. (Foto: © Sammlung Wolfgang Borgmann)

Die von Walter und Siegfried Günter entworfene und auf aerodynamische Perfektion getrimmte Form des »Sausewind« war in den 20er-Jahren eine technologische Sensation. (Foto: © Sammlung Wolfgang Borgmann)

Die Berühmtheit der Flugpioniere in den 20er-Jahren war mit heutigen Formel 1-Rennfahrern vergleichbar. Und so verteilten sie, wie hier Paul Bäumer, auch Autogrammkarten an ihre Fans.
(Foto: © Sammlung Wolfgang Borgmann)

Paul Bäumer (links) hatte viele gute Ideen für neue Flugzeugmuster, doch kein Geld. So half sein reicher Fliegerfreund Harry von Bülow-Bothkamp (rechts) oft mit seinem Vermögen aus.
(Foto: © Sammlung Wolfgang Borgmann)

Von vorne betrachtet zeigt sich die perfekte aerodynamische Formgebung des »Sausewind«. Dieses kompromisslos auf geringen Luftwiderstand ausgelegte Design war in den 20er-Jahren eine Sensation.
(Foto: © Sammlung Wolfgang Borgmann)

Als Paul Bäumer seine Flugzeug baute, war der Hamburger Flughafen noch nicht viel mehr als eine große Wiese.
(Foto: © Sammlung Wolfgang Borgmann)

Luftfahrtpionier und Firmengründer Paul Bäumer vor seinem »Sausewind«. Diese Aufnahme entstand am Flughafen Kopenhagen – nur einen Tag vor seinem tragischen Unfalltod.
(Foto: © Sammlung Wolfgang Borgmann)

Eine Einnahmequelle der Bäumer Aero GmbH war die Teilnahme ihrer Flugzeuge an Rundflügen mit ausgelobten Preisgeldern – wie hier der Sachsenflug des Jahres 1927. (Foto: © Sammlung Wolfgang Borgmann)

mie in Höhe von 15.000 Reichsmark und viel Publicity für den »Sausewind« und die Bäumer Aero GmbH. Beflügelt durch den Erfolg der Version B II entwarf das Bäumer-Team eine dem Vorgänger äußerlich ähnelnde, jedoch vollkommen neu entwickelte Version B IV. Ausschließlich durch aerodynamische Finessen gelang es den Ingenieuren die Höchstgeschwindigkeit mit dem identischen 65 P.S. Motor gegenüber der B II Version um nochmals 25 km/h auf maximal 210 km/h zu steigern. Die »Illustrierte Wochenzeitung« aus dem Jahr 1927 attestiert: »So kann behauptet werden, daß der neue »Sausewind« wohl das zur Zeit schnellste und steigfähigste Flugzeug seiner Motorleistung darstellen dürfte das in Deutschland gebaut wird.« Die Bäumer Aero GmbH fertigte in den Jahren 1926 und 1927 zwei Flugzeuge der Version B IV (D-885 und D-1158) mit denen Höhen- und Geschwindigkeitsweltrekorde erflogen wurden. Ihre herausragenden Flugleistungen hatten die Rekordmaschine über die Grenzen Deutschlands hinaus bekannt gemacht und so startete Bäumer noch im Juli 1927 Richtung Kopenhagen um den »Sausewind« D-1158 dänischen Interessenten vorzustellen. Nach der Vorführung seines Flugzeugs hatte er sich bereit erklärt das »Rofix« bezeichnete Jagdflugzeug der dänischen Rohrbach-Werke einer türkischen Armeekommission im Flug zu demonstrieren. Alles ging glatt, bis Bäumer in rund 3.000 Meter Höhe das Trudeln begann, aus dem er nicht mehr ausleiten konnte. Mit großer Geschwindigkeit schlug das Flugzeug auf dem Wasser auf wobei Paul Bäumer sein Leben verlor. Nach dem Unfalltod ihres Gründers setzte die Bäumer Aero GmbH zunächst die Arbeiten fort. Im September 1927 begann die Mannschaft mit dem Bau einer noch schnelleren als B IVa bezeichneten Version des »Sausewind« mit der am 4. Oktober 1928 ein neuer Geschwindigkeitsweltrekord für Leichtflugzeuge auf der Strecke Hamburg-Fuhlsbüttel – Neumünster – Fuhlsbüttel mit einer Durchschnittsgeschwindigkeit von 214,8 km/h aufgestellt wurde. Das Fehlen Bäumers als treibende Kraft wirkte sich jedoch immer negativer auf die Geschäfte aus und am 14. Oktober 1932 wurde die Bäumer Aero schließlich aus dem Handelsregister gelöscht.

Technische Daten
Bäumer Aero B IVa »Sausewind«

Länge:6,25 m
Spannweite: 9,00 m
Flügelfläche: 11,20 qm
Höchstgeschwindigkeit: 215 km/h
Reisegeschwindigkeit: 180 km/h
Serienmotor: 3-Zylinder Wright L4
Leistung: 65 P.S.
Dienstgipfelhöhe: 7.000 m
Max. Reichweite: 1.200 km

REKORDHALTER

LOCKHEED A-12 »OXCART« & SR-71 »BLACKBIRD«
Die schnellsten Flugzeuge der Welt

Es dürfte in der Luftfahrtgeschichte einmalig sein, dass die Bezeichnung eines Flugzeugmusters auf Grund eines Versprechers des Präsidenten der Vereinigten Staaten von Amerika umbenannt werden musste. Aber genau das ist im Fall der SR-71 »Blackbird« geschehen die ursprünglich »RS-71« heißen sollte. Doch dann nahmen die Ereignisse am 24. Juli 1964 ihren Lauf als Präsident Lyndon B. Johnson auf einer Pressekonferenz die Entwicklung eines Spionageflugzeug namens »SR-71« verkündete. Da niemand wagte ihm zu widersprechen musste das gemeinsame Vorzeigeprojekt von Lockheed, dem US-Auslandsspionagedienst CIA und der U.S. Air Force mit etwas Phantasie von »Reconnaissance Strike« (RS) in »Strategic Reconnaissance« (SR) umgetauft werden.

Am 23. Dezember des Jahres startete die SR-71 »Blackbird« (Amsel) zu ihrem Erstflug – zwei Jahre nach ihrer kleinen Schwester A-12 mit dem weniger poetischen Beinamen »Oxcart«, zu deutsch »Ochsenkarren«. Das Projekt eines Mach 3 schnellen Spionageflugzeugs wurde bereits 1958, drei Jahre nach dem Erstflug der Lockheed U-2 von der CIA angestoßen nachdem langsam erste Zweifel aufkeimten, ob die zwar hoch fliegende aber relativ langsame »Dragon Lady« vor den Abfangjägern und Raketen sowjetischer Bauart auf Dauer sicher ist. Die Zweifel waren berechtigt wie sich 1960 nach dem Abschuss einer U-2 über der Sowjetunion mit Gary Powers am Steuer zeigen sollte. So gab die CIA ein Flugzeug bei Lockheed in Auftrag das fast fünfmal so schnell wie seine legendäre Vorgängerin und somit für Abfangjäger unerreichbar über feindlichem Territorium strategisch bedeutsame Informationen per Bordkamera sammeln konnte. Die daraus resultierende A-12 war mit einer maximalen Geschwindigkeit von bis zu 3.500 km/h in einer Flughöhe von rund 29.000 Metern alles andere als ein lahmer Ochsenkarren. Vielmehr handelte es sich bei ihr sowie der SR-71 als ihrer direkten Nachfolgerin um die zu ihrer Zeit schnellsten Jets der Welt – echte Superflugzeuge!

Mit einer Länge von 31,26 m war die von den Konstrukteuren der »Skunk Works« unter der Leitung von Clarence L. »Kelly« Johnson entworfene A-12 exakt 1,48 m kürzer als ihr legendäres, auf den ersten Blick fast identisch aussehendes Nachfolgemuster SR-71. Auf ihren Missionen konnte sie extrem hoch auflösende Spionagekameras mitnehmen, die im Auftrag der CIA feindliche Einrichtungen aus großer Höhe bis ins kleinste Detail fotografierten. Die zwölf einsitzigen A-12 leisteten unter anderem in den Vietnam- und Korea-Kriegen Aufklärungsarbeit wurden jedoch bereits nach nur fünf Einsatzjahren zu Gunsten der größeren und leistungsfähigeren SR-71 im Jahr 1968 wieder ausgemustert. Zwei fast baugleiche Superjets konnte und wollte sich die CIA aus wirtschaftlichen Gründen nicht leisten.

Eine besonders interessante Variante der A-12 war das in zwei Exemplaren gefertigte Trägerflugzeug M-21, »M« stand dabei für »Mother« (Mutter), das eine unbemannte, als D-21 »Daughter« (Tochter) bezeichnete Drohne huckepack an den Rand des Zielgebiets fliegen und dort mit Mach 3 absetzen sollte. Die Radarstrahlen abweisende Form der D-21 mit dem Code-Namen »Tagboard« (Pinnwand) erinnerte dabei stark an jene des A-12 Mutterflugzeugs. Die CIA hatte Lockheed im Jahr 1962 mit der Entwicklung dieser Trägerflugzeug/Drohnen-Kombination beauftragt nachdem erneut

Die A-12 und SR-71 waren geniale Entwürfe unter der Leitung von Kelly Johnson – des wohl begnadetsten Flugzeugkonstrukteurs aller Zeiten. (Foto: © NASA)

Die Mach 3 schnellen Maschinen wurden unter strengster Geheimhaltung vom »Skunk Works«-Konstruktionsteam der Lockheed Flugzeugwerke entwickelt. (Foto: © NASA)

Als die Lockheed-Konstrukteure die A-12 und SR-71 konzipierten, konnten sie auf kein einziges Konstruktionsdetail früherer Muster zurückgreifen. Zu groß war der notwendige Technologiesprung. (Foto: © NASA)

Der Blackbird Airpark im kalifornischen Palmdale ist der einzige Ort auf der Welt, an dem die größere SR-71 (links) sowie ihre Vorgängerin A-12 gemeinsam ausgestellt sind. (Foto: © Alan Wilson, CC BY-SA 2.0)

Die SR-71-Flotte der NASA in den 90er-Jahren. Die letzte Maschine flog am 9. Oktober 1999 und wurde wie ihre Schwesterflugzeuge bis zum Jahr 2002 im flugfähigen Zustand gehalten – jedoch nicht erneut eingesetzt. Nach ihrer endgültigen Ausmusterung wurden die Flugzeuge in Museen ausgestellt. (Foto: © NASA)

Die einsitzige A-12 konnte lediglich eine Kamera zu Aufklärungsflügen mitnehmen, was schließlich zu ihrer frühzeitigen Ausmusterung zu Gunsten der größeren SR-71 führte. (Foto: © public domain)

Zweifel aufkamen ob selbst die mehr als Mach 3 schnelle und extrem hoch fliegende A-12 vor einem Abschuss über feindlichem Gebiet sicher ist. Der Erstflug mit einer noch fest auf dem Rücken der M-21 montierten Drohne fand am 22. Dezember 1964 statt während erstmals eine D-21 bei dreifacher Schallgeschwindigkeit am 5. März 1966 vom Rücken einer M-21 aus gestartet wurde. Den Antrieb der D-21 lieferte ein so genanntes »Ramjet«-Staustrahltriebwerk. Bei dieser Antriebsart entsteht der zum Verbrennen des Treibstoffs im Triebwerk erforderliche Druck nicht durch die der Brennkammer vorgeschalteten Verdichterstufen eines konventionellen Jet-Triebwerks sondern durch den bei Mach 3 entstehenden Luftdruck. Der Vorteil dieses Konzepts ist, dass keine beweglichen Teile im Triebwerk erforderlich sind – der Nachteil, dass es nur bei sehr hohen Geschwindigkeiten und entsprechendem Staudruck arbeiten kann.

Die Entwicklung des M-21/D-21-Konzepts wurde nach einem Flugunfall während des vierten Testfluges am 30. Juli 1966 wieder aufgegeben bei dem die Drohne in den Luftverwirbelungen des Mutterflugzeugs außer Kontrolle geriet und gegen dessen Leitwerk schlug woraufhin beide Maschinen auseinanderbrachen und explodierten. Zwar konnten sich beide Besatzungsmitglieder zunächst per Schleudersitz in Sicherheit bringen, doch ertrank der für das Absetzen der Drohne zuständige Bordoffizier Ray Torick im Pazifik vor der Küste Kaliforniens bevor ihn die Rettungskräfte erreichen konnten. Dieser tragische Unfall bedeutete zwar das Aus für das ursprüngliche Trägerkonzept jedoch nicht für den Einsatz der D-21 Drohne, die nun für den Start vom Pylon unter dem Flügel einer Boeing B-52H »Stratofortress« modifiziert wurde und die Bezeichnung D-21B erhielt. Die nötige Beschleunigung im freien Flug bis zur Wirksamkeit des Staustrahltriebwerks lieferte ein unter der Drohne montierter Raketenmotor. Die mit einer einzigen, hochauflösenden Kamera ausgestatteten und 3.500 km/h schnellen Drohnen kamen jedoch nur auf vier Aufklärungsflügen zum Einsatz – die jedoch kein einziges Bild liefern sollten. Geplant war, dass die D-21B auf einem vorprogrammierten Kurs zu ihrem Ziel fliegt, dort die Aufklärungsfotos schießt und nach Abschluss der Mission in ein von den USA kontrolliertes Seegebiet eigenständig zurückzukehrt. Dort sollte sie die Kamerabox automatisch ausklinken damit diese an einem Fallschirm zur Erde schweben kann. Ein für diese Aufgabe modifiziertes Flugzeug würde die Kamera samt Fallschirm im Flug auffangen während sich die nicht wiederverwendbare Drohne selbst zerstört. Soweit die Theorie, denn in der Praxis landeten zwei der vier eingesetzten D-21B in der Sowjetunion und China wobei ihre Technologie den beiden feindlichen Ländern in die Hände fiel während die Kamerabehälter von zwei weiteren Flügen unauffindbar im Meer versanken. Nach diesem Desaster stellten U.S. Air Force und CIA das Programm im Jahr 1971 endgültig ein. Neben den operativen Misserfolgen war ein weiterer Grund, dass nun permanent im Weltall stationierte Aufklärungssatelliten die gleiche Aufgabe wesentlich effizienter und kostengünstiger als die nur einmal verwendbaren D-21B übernehmen konnten. Lockheed produzierte 38 D-21/D-21B »Tagboard«-Drohnen von denen 21 bei Testflügen oder Einsätzen planmäßig und ungeplant zerstört wurden. Erst nachdem die 17 verbliebenen Exemplare in den Jahren 1976 und 1977 auf der U.S. Air Force Basis »Davis Monthan« bei Tucson, Arizona, im Freien eingelagert wurden erfuhr die Öffentlichkeit erstmalig von deren

Existenz. Die ganze Geschichte dieses Spionageprogramms ist hingegen erst in den frühen 90er-Jahren offiziell bekannt geworden nachdem CIA und U.S. Air Force deren Geheimhaltung aufhoben.

Nicht an technischen Problemen sondern am Widerstand des amerikanischen Verteidigungsminister Robert McNamara scheiterte hingegen der Serienbau des aus der A-12 abgeleiteten YF-12 Abfangjägers, der binnen weniger Minuten jeden Angreifer noch vor dem amerikanischen Festland erreicht hätte und seine an Bord mitgeführten Flugabwehrraketen selbst bei dreifacher Schallgeschwindigkeit hätte abfeuern können. McNamara sah jedoch keine Notwendigkeit für ein solch leistungsfähiges Flugzeug und blockierte im Jahr 1965 die bereits vom US-Kongress freigegebene Bestellung über 93 F-12B Serienflugzeuge die für das Air Defence Command der U.S. Air Force gedacht waren. So blieb es bei der Herstellung von drei Prototypen, deren erste Maschine am 7. August 1963 zu ihrem Erstflug gestartet war. Ein Exemplar des Trios ist für die Nachwelt erhalten geblieben und heutzutage im Museum der amerikanischen Luftwaffe in Dayton, Ohio, zu besichtigen.

Mit den A-12- und SR-71-Programmen betrat Kelly Johnson mit seinem »Skunk Works«-Entwicklungsteam zu hundert Prozent technologisches Neuland. Kein einziges Konstruktionsdetail dieser Superjets konnte von Vorgängermodellen übernommen werden. Sei es die aus Titan gefertigte Außenhaut, die sich bei einer Geschwindigkeit von 3.500 Stundenkilometer in 26.600 m Flughöhe auf fast 600 Grad Celsius erhitzt – oder der speziell für dieses Flugzeugmuster hergestellte Flugtreibstoff der gleichzeitig als Kühlmittel der Außenhaut dient und ohne den die Hochleistungstriebwerke bei den extremen Geschwindigkeiten und Flughöhen nicht arbeiten würden. Auch die Konzeption der von Pratt & Whitney gelieferten und für diese extremen Geschwindigkeiten optimierten J58-Triebwerke stellte die Konstrukteure vor besondere Herausforderungen. Zudem sollten A-12 und SR-71 »Stealth«-Flugzeuge werden und Dank dieser Tarnkappentechnologie für feindliche Radaranlagen weitestgehend unsichtbar sein. Doch Kelly Johnson wäre nicht der beste Flugzeugkonstrukteur aller Zeiten gewesen, wenn ihm nicht auch dieses, zeitweilig von ihm selbst für unmöglich gehaltene Kunststück gelungen wäre. Als ein Beispiel der unzähligen Herausforderungen sei die Verwendung des Titan-Materials genannt. Um Deformationen auf Grund der hohen Außentemperaturen zu vermeiden ist es im Bereich der Flügel nicht starr mit der darunterliegenden Flugzeugstruktur verbunden sondern kann sich je nach Temperatur ausdehnen und zusammenziehen – ohne sich zu verbiegen. Zusätzlich ist die Außenhaut der Flügel geriffelt um das Dehnen und Strecken des Materials bestmöglich zu unterstützen. Diese geniale Lösung eines zunächst nicht beherrschbar scheinenden Problems erinnert an das Wellblech einer Junkers F13 des Jahres 1919, das jedoch in den Pionierjahren aus Gründen der Formstabilität und nicht zum Temperaturausgleich verbaut wurde. Andere Themenschwerpunkte waren die aerodynamische Auslegung des Flugzeugs, die Herstellung besonders hitzebeständiger Hydraulik-Flüssigkeiten und die Mixtur des eigens für die A-12 und SR-71 produzierten Flugtreibstoffs. Letzterer hat einen so hohen Flammpunkt, dass die bei »Oxcart« und »Blackbird« üblichen Treibstoffleckagen am Boden keine Gefahr darstellten. Erst im Flug und bei höheren Reibungstemperaturen dehnte sich das Titan aus und schloss wie geplant

Das futuristische Aussehen der SR-71 lässt nicht vermuten, dass es sich um eine Entwicklung aus den 1960er-Jahren handelt. (Foto: © NASA)

Nach der Treibstoffübernahme entfernt sich die doppelsitzige SR-71 vom Tanker. Beim Abkoppeln noch austretender Kraftstoff hat sich über den Rumpfrücken verteilt. Durch die Luftbetankung ließ sich die Einsatzdauer der durstigen Maschine deutlich erhöhen. (Foto: © NASA)

Aus Sicherheitsgründen starteten die SR-71 mit minimaler Treibstoffmenge an Bord, die gerade zum Erreichen des über der Basis kreisenden Tanker ausreichte. Erst in der Luft wurden dann die Tanks komplett gefüllt bevor die eigentliche Mission begann. (Foto: © NASA)

Die YF-12 waren als Mach 3 schnelle Abfangjäger konzipiert, deren Serienproduktion aus Kostengründen aber nicht weiter verfolgt wurde. (Foto: © public domain)

Die SR-71 der NASA dienten bei vielen Testreihen. Hier wird im Oktober 1997 auf dem Rumpf der Maschine das »NASA/Lockheed Martin Linear Aerospike SR-71 Experiment« (LASRE) erprobt, das wertvolle Daten für künftige wiederverwendbare Raumgleiter lieferte. (Foto: © NASA)

Da die SR-71 über keine Schubumkehr zum Abbremsen nach der Landung verfügten nutzten sie einen Bremsschirm als Hilfsmittel.
(Foto: © public domain)

Eine SR-71B der NASA beim Flug über den Bergen der Sierra Nevada. Das Bild entstand kurz nach einer Luftbetankung. **(Foto: © NASA)**

die Dehnungsfugen der Tankhülle. Sämtliche Flugzeugsysteme mussten gegen die extremen Temperaturen isoliert oder aktiv während des Fluges gekühlt werden. Die Gummireifen des Hauptfahrwerks schützte der sie umgebende Tank in den Tragflächen mit dem als Kühlmittel fungierenden Treibstoff und selbst die Ölmesssonden der Triebwerke mussten besonders gekühlt werden damit sie nicht ihren Dienst versagten.

Das Resultat der intensiven Bemühungen waren die einzigartigen Superflugzeuge A-12 und SR-71 die ab Juli 1963 bis zum Tag der Ausmusterung der letzten SR-71 diverse – und noch heute gültige – Flugrekorde aufstellten. Wie beispielsweise am 1. September 1974 als eine SR-71 von New York nach London in einer Stunde und 54 Minuten flog. Den Rückweg von der alle zwei Jahre im britischen Farnborough stattfindenden Luftfahrtmesse nach Los Angeles absolvierte die SR-71 in der Rekordzeit von drei Stunden, 47 Minuten und 35 Sekunden. Weitere Rekorde folgten am 27. Juli 1976 als SR-71 Piloten an nur einem Tag gleich sechs neue Weltrekorde in den Rubriken Geschwindigkeit und Flughöhe aufstellten. Eine SR-71 der NASA überquerte im Jahr 1990 die USA in Rekordzeit und benötigte für die rund 4.000 Kilometer nur 68 Minuten und 17 Sekunden. Ihre durchschnittliche Geschwindigkeit betrug dabei 3.500,7 Kilometer pro Stunde. Einen ganz besonderen Abschiedsgruß an ihre »Blackbird« flog die Besatzung des letzten offiziellen SR-71-Einsatzes für die U.S. Air Force im Januar 1990 als sie zum großen Finale nochmals vier Streckenrekorde aufstellte!

In den 90er-Jahren nutzte die amerikanische Weltraumbehörde NASA eine kleine SR-71-Flotte für Forschungseinsätze in großen Flughöhen, die mit dem letzten Flug einer »Blackbird« am 9. Oktober 1999 ihr Ende fanden. Diverse A-12 und SR-71 sind in amerikanischen Museen ausgestellt – sowie eine SR-71 im »American Air Museum« auf dem Gelände des Imperial War Museum im britischen Duxford.

Technische Daten Lockheed SR-71 »Blackbird«

Länge: 32,74 m
Spannweite: 16,94 m
Flügelfläche: ca. 149,10 qm
Höhe: 5,64 m
Triebwerke: 2 x Pratt & Whitney J58
Schubleistung: 2 x 151,30 kN
Leergewicht: 27.200 kg
Max. Startgewicht: 77.100 kg
Max. Geschwindigkeit: 3.500 km/h
Max. Flughöhe: 26.000 m
Reichweite: 4.800 km

Um die Tu-144LL sinnvoll nutzen zu können, wurden die ursprünglichen vier Koliesow-Triebwerke durch die wesentlich zuverlässigeren und leistungsstärkeren Kuznetsow NK-321 des Tu-160-Bombers ausgetauscht. (Foto: © NASA)

Schon am Boden wirkt die Tu-144 pfeilschnell! Die Bugnase sowie Canards sind in Flugkonfiguration, was den geschossförmigen Rumpf gut zur Geltung kommen lässt. Beachtenswert auf diesem Bild ist das massive Fahrwerk. (Foto: © NASA)

Zwei Tu-144 in den 90er-Jahren auf dem Forschungs- und Werkflugplatz nahe Moskau. Im Vordergrund die Tu-144LL RA-77114 sowie dahinter ihre Schwestermaschine Tu-144D mit dem einstigen sowjetischen Kennzeichen CCCP-77115. (Foto: © NASA)

Eine unfallfreie Renaissance erfuhr die Tu-144 hingegen, als die amerikanische Weltraumbehörde National Aeronautics and Space Administration (NASA) ein Exemplar zusammen mit Tupolew als Versuchsmaschine nutzte und zwischen 1996 und 1999 auf diversen Forschungsflügen im Rahmen ihres »High-Speed Research« (HSR) genannten Hochgeschwindigkeits-Forschungsprogramms einsetzte. Ein führender Partner in der HSR-Kooperation war der US-amerikanische Luft- und Raumfahrtkonzern Boeing, der im Auftrag der NASA mit Tupolew die praktische Umsetzung des Projekts vereinbarte. Weitere Beteiligte waren der Flugzeughersteller McDonnell Douglas, die Triebwerkshersteller General Electric und Pratt & Whitney, Honeywell als Spezialist für die Ausrüstung von Flugzeug-Cockpits sowie 70 weitere namhafte amerikanische Unterlieferanten. Erst das vorläufige Ende des »Kalten Krieges« hatte dieses Aufsehen erregende Luftfahrt-Forschungsprogramm der einstigen Erzfeinde, Russland und USA, ermöglicht. Die Grundlagen dafür wurden 1993 zwischen dem US-Vizepräsidenten Al Gore Jr. der Clinton-Administration und dem Ministerpräsidenten der Russischen Föderation Viktor Tschernomyrdin gelegt, die einer Kommission zur technischen und wirtschaftlichen Zusammenarbeit beider Nationen vorstanden. Zu jener Zeit beschäftigte sich die NASA sowie diverse Unternehmen der US-Luftfahrtbranche vorrangig mit dem HSR-Forschungsprogramm, das die Entwicklung neuer Technologien für künftige Supersonic-Passagierjets aus nordamerikanischer Produktion zum Ziel hatte. Das russische Tupolew Design Büro schlug bereits im Jahr 1990 die Nutzung einer Tu-144 für das geplante HSR-Flugtestprogramm vor. Doch erst das bilaterale Abkommen auf höchster politischer Ebene ebnete 1993 den Weg zum Austausch zwischen Tupolew und den US-Partnern über die Art der geplanten Forschungsarbeiten und den dafür erforderlichen Umbau des auserkorenen Testflugzeugs. Das Ergebnis dieser amerikanisch-russischen Expertengespräche war das fliegende Überschall-Labor Tu-144LL. Die verwendete Maschine mit dem Kennzeichen RA-77114 wurde als eines der letzten Serienflugzeuge der Tu-144D Baureiche im Jahr 1981 fertiggestellt und hatte zum Zeitpunkt seiner Umrüstung zum Forschungsflugzeug ganze 82 Stunden und 40 Minuten im Flug zurückgelegt. Ein Highlight der technischen Anpassung der Serienmaschine war der Austausch ihrer ursprünglichen vier Koliesov-Triebwerke mit wesentlich zuverlässigeren und leistungsstärkeren Kuznetsow NK-321 Motoren des Tu-160 Bombers. Zwischen seinem Erstflug am 29. November 1996 und seinem letzten Einsatz im Jahr 1999 startete das Tu-144LL-Forschungslabor von seiner Heimatbasis Moskau-Zhukovsky aus zu insgesamt 27 Flügen, die unter der Leitung des NASA Langley Research Centers in Hampton, Virginia, stattfanden. Um die Vielzahl der gewonnenen Daten analysieren zu können wurde der Überschalljet mit einem digitalen Netzwerk, Messstationen in der Kabine und Sensoren an der Flugzeugaußenhaut ausgerüstet, die rund 800 Parameter während eines Fluges erfassen konnten. Die über Thermoelemente, Drucksensoren, Mikrophone und Sonden zur Ermittlung des Luftwiderstandes an der Außenhaut gewonnen Informationen umfassten dabei nicht nur die von der NASA eingebrachten Experimente sondern auch die allgemeinen aerodynamischen Daten des Tu-144 Trägerflugzeugs, das neben russischen Testpiloten auch von US-amerikanischen Piloten der NASA geflogen wurde. Aus 50 vom amerikanischen Expertenteam vorgeschlagenen Experimenten wählten die Verantwortlichen zunächst sechs Flug- und zwei Bodenexperimente für die erste Flugtestphase aus. Die Flugexperimente umfassten beispielsweise Studien über die Beschaffenheit der Flugzeugaußenhaut, die Flugzeugstruktur und Triebwerkstemperaturen, Verlauf der Grenzschicht an Rumpf und Tragflächen, das Bodeneffektverhalten der Tragflächen, Lärm außerhalb und innerhalb der Kabine, Flugverhalten in diversen Flugprofilen und die Ausdehnung der Flugzeugstruktur während eines Überschallfluges in großen Höhen. Zwei Bodenexperimente beschäftigten sich zudem noch vor dem ersten Flugeinsatz mit dem Design der Triebwerks-Lufteinläufe. Im Fokus der Ingenieure stand insbesondere das Verhalten des Luftstroms und dessen Effekt auf die Triebwerksleistung bei auftretenden Überschall-Druckwellen.

In Phase Zwei der Flugtests wurden die sechs Experimente der ersten Phase fortgeführt und weitere Instrumente zur Sicherung der gewonnenen Daten von Tupolew-Technikern im Flugzeug installiert. Zudem stand die Auswirkung der Biegung des Flügels auf das Flugverhalten im Überschallbereich im Fokus der NASA-Ingenieure. Zusätzliche Sensoren und Druckmesswandler brachten noch genauere Erkenntnisse über den Luftdruck an der Flugzeugnase im Unter- und Überschallbereich sowie bei verschiedenen Flugmanövern. Alle gewonnenen Erkenntnisse plante die US-Luftfahrtindustrie in einen neuen Supersonic-Passagierjet der nächsten Generation mit rund 300 Sitzen einfließen zu lassen. Dieses »Super Sonic Transport«-Überschallflugzeug sollte in einer Reiseflughöhe von 65.000 Fuß, entsprechend 35.000 Metern mit Mach 2 über eine Strecke von über 9.000 Kilometern fliegen können. Und dies zu Kosten, die lediglich einen zwanzigprozentigen Überschall-Aufschlag im Vergleich zu konventionellen Jets erforderlich gemacht hätten.

Das Tu-144LL Programm war so erfolgreich, dass es im März 1998 von der leitenden US-russischen Kommission als »Vorbild für gemeinschaftliche Projekte unter Beteiligung der Industrie im Bereich der Entwicklung fortschrittlicher Technologien« gewürdigt wurde. Doch die Freude war nur von kurzer Dauer. Bereits 1999 kündigten die amerikanischen Partner die Zusammenarbeit wieder auf, und die Tu-144LL kehrte in ihren Dornröschenschlaf in Zhukovsky zurück. Grund für die Projekteinstellung war die in den USA gewachsene Erkenntnis, dass ein wirtschaftlich durchführbares SST-Programm nicht in absehbarer Zukunft realisierbar ist, und dass sich eine weitere Beteiligung der US-Luftfahrtindustrie am Tu-144LL Programm daher nicht mehr rechnet.

Von den siebzehn gebauten Tu-144 sind vier Maschinen in russischen Luftfahrtmuseen, ein Exemplar im Auto & Technik Museum in Sinsheim und zwei Flugzeuge auf dem Tupolew-Werksflugplatz in Moskau-Zhukovsky erhalten geblieben. Darunter die Tu-144LL RA-77114 sowie die Tu-144D mit dem Kennzeichen RA-77115.

Dieses Abzeichen trugen die Crew-Mitglieder des amerikanisch-russischen Tu-144LL Forschungsprogramms an ihren Piloten-Overalls. So kann gute Zusammenarbeit aussehen. (Foto: © NASA)

Die Tu-144 wurden nur auf wenigen Fracht- und Passagierflügen eingesetzt und erlebten erst mit dem amerikanisch-russischen Tu-144LL-Programm eine Renaissance. (Foto: © NASA)

Die sowjetische Luftfahrtindustrie kam der britisch/französischen »Concorde« mit der Tu-144 um zwei Monate beim Erstflugtermin zuvor. (Foto: © NASA)

Seit dem Abschluss des Tu-144LL-Programms steht die Maschine ungenutzt am Flughafen Moskau-Schukowski. (Foto: © Alan Wilson, CC BY-SA 2.0)

Der Vergleich mit dem Schlepp-LKW verdeutlicht die Größe des eleganten Überschalljets. Die Tu-144 würde auch heutzutage auf jedem Flughafen zeitgemäß wirken – wie viele futuristischen Konstruktionen aus früheren Tagen. (Foto: © NASA)

Am 1. November 1977 startete Aeroflot zum ersten Überschall-Passagierflug, der von Moskau aus in das kasachische Alma-Ata führte.
(Foto: © NASA)

Technische Daten
Tupolew Tu-144 Prototyp

Länge: 59,50 m

Spannweite: 27,65 m

Flügelfläche: 438 qm

Höhe: 10,80 m

Motoren: 4 x Kuznetsov NK-144 Turbofan

Tupolew Tu-144D

Länge: 65,70 m

Spannweite: 28,80 m

Flügelfläche: 506,35 qm

Höhe: 12,55 m

Motoren: 4 x Kolessow RD-36-51A Turbofans

Schubkraft: 4 x 220 kN

Leergewicht: 85.000 kg

Max. Startgewicht: 207.000 kg

Reisegeschwindigkeit: max. 2.120 km/h (Mach 2)

Reichweite: ca. 6.200 km

Tupolew Tu-144LL

Spannweite: 27 m

Länge: 60 m

Motoren: 4 x Kuznetsov NK-321 Turbofans

Maximale Geschwindigkeit: Mach 2,35

Durchschnittliche Reichweite bei NASA Testflügen: 4.000 km

Theoretische Reichweite mit 140 Passagieren: 6.500 km

Max. Flughöhe: 18.897 m

C. Gordon Fullerton war einer von zwei NASA-Piloten, die am Steuer des russischen Überschalljets Forschungsmissionen flogen. Alle übrigen Mitglieder der Tu-144LL-Besatzungen setzten sich aus russischen Testpiloten und Bordingenieuren zusammen. (Foto: © NASA)

REKORDHALTER

BAC/SUD »CONCORDE«
In dreieinhalb Stunden nach New York

Keine 100 Jahre liegen zwischen der Erforschung der »Fliegekunst« durch den deutschen Flugpionier Otto Lilienthal und dem Erstflug der »Concorde«. In dieser Zeitspanne lernte die Menschheit nicht nur, welche physikalischen Gesetze ein Flugzeug am Himmel halten, denn in atemberaubender Geschwindigkeit wurden immer bessere Flugapparate, und ab 1903 Flugmotoren entwickelt, die ihre Piloten schon bald mit bis zu dreifacher Schallgeschwindigkeit durch die Luft katapultierten. Eines darf man dabei nicht vergessen – den damaligen Konstrukteuren in der Vor-Computer Ära standen meist nur Rechenschieber für die Berechnung der Konstruktionsdetails eines Verkehrsflugzeugs zur Verfügung, das auf tausenden, handgemachten Konstruktionszeichnungen langsam Formen annahm!
Man möchte meinen, dass mit dem Erstflug der »Concorde« am 2. März 1969 die Innovationskraft im zivilen Flugzeugbau ihren vorläufigen Höhepunkt erreicht hat. Es war alles entwickelt und gebaut, was sich Ingenieure nur wenige Jahre zuvor selbst in ihren kühnsten Träumen nicht vorzustellen wagten. Nichts schien den technologischen Fortschritt in den 60er-Jahren aufhalten zu können, als der britische Luftfahrtminister Julian Amery sowie der französische Botschafter in Großbritannien, Geoffroy de Courcel, am 29. November 1962 den Vertrag zur gemeinsamen Entwicklung eines britisch-französischen Überschall-Verkehrsflugzeuges unterzeichneten. Das Projekt »Concorde« war damit offiziell aus der Taufe gehoben. Entgegen den Erwartungen seiner Initiatoren flog der gemeinsame Traum von Flugreisen mit zweifacher Schallgeschwindigkeit von Anbeginn durch schwere Turbulenzen. Politischer Dissens zwischen Frankreich und Großbritannien, eine britische Finanzkrise sowie die 68'er-Studentenrevolte in Frankreich und der nur knapp abgewendete Umsturz waren nur drei von vielen Ereignissen, die das Gemeinschaftsprojekt noch vor dem Erstflug des Prototypen ins Trudeln brachten. Am Ende war es die Beharrlichkeit der Politik –allen voran des französischen Präsidenten Charles de Gaulle die das Projekt auf Kurs hielt. Die britisch-französische Kooperation beschränkte sich nicht auf die Flugzeugzelle und Systeme, die von BAC (40%) auf britischer Seite sowie Aerospatiale (60%) in Frankreich gebaut wurden. Eine ebensolche bilaterale Kooperation bestand zwischen Rolls-Royce (60%) sowie der französischen Snecma (40%) bei Entwicklung und Produktion des Olympus 593 Turbojet-Antriebs. Unter dem Strich wurden alle Kosten für das Gesamtprojekt vom französischen und britischen Staat je zur Hälfte getragen.
Der Roll-Out Zeremonie des Prototypen 001 im französischen Toulouse am 13. Dezember 1967 folgten die Erstflüge in Toulouse am 2. März 1969 sowie im britischen Filton (Prototyp 002) am 9. April 1969. Die kommerzielle Zukunft der »Concorde« schien zunächst vielversprechend, nachdem Pan American bereits am 4. Juni 1963 eine Kaufabsichtserklärung für sechs Exemplare unterzeichnet hatte. Andere nordamerikanische Airlines, wie Air Canada, TWA, United, American Airlines, Eastern, Braniff und Continental folgten. Die libanesische Middle East Airlines, Air India, die belgische Sabena, Japan Air Lines und die australische Qantas planten ebenso einen »Concorde«-Flugdienst, wie die rotchinesische CAAC. Letztere hatte, wie Iran Air, eine Kaufabsichtserklärung über zusammen fünf Maschinen unter-

Eine »Concorde« vor dem 1974 eingeweihten, futuristischen Abfertigungsgebäude des Flughafens Paris Charles-de-Gaulle (CDG) – dem heutigen Terminal 1. Damals glaubte man noch an die Zukunft des Überschall-Flugverkehrs. (Foto: © Air France)

Die »Concorde« wird wohl für lange Zeit das einzige Überschall-Verkehrsflugzeug bleiben, das jemals im planmäßigen Linienverkehr zum Einsatz kam. Das Foto zeigt den immer wieder beeindruckenden Start samt ausgefahrenem Spornrad zum Schutz vor Heck-Aufsetzern (Foto: © Air France)

Die Tu-144 kam zwar dem Erstflug ihrer westlichen Konkurrentin um rund zwei Monate zuvor, doch führten anhaltende technische Probleme dazu, dass die »Concorde« der bislang einzige regelmäßig im Passagierverkehr eingesetzte Überschalljet blieb. (Foto: © Air France)

Eine Verkettung unglücklicher Umstände führte dazu, dass eine »Concorde« am 25. Juli 2000 kurz nach dem Abheben nahe Paris abstürzte. Es war der einzige fatale Unfall dieses Musters, läutete aber das Ende der Maschine ein. (Foto: © Michel Gilliand, GFDL 1.2)

Die abgebildete einstige Air France-Maschine mit dem Kennzeichen F-BVFC ist im Aerosopia Flugmuseum am Airbus-Stammsitz Toulouse zu besichtigen. (Foto: © Duch.seb, CC BY-SA 4.0)

schrieben. Und selbst die Lufthansa hatte sich Optionen für je drei »Concorde« und Boeing 2707-Überschalljets gesichert. Am Ende blieb es jedoch bei den von Air France und BOAC / British Airways bestellten Exemplaren. Die Weigerung von Pan Am im Jahr 1973 ihren »Concorde«-Vorvertrag in eine feste Order zu verwandeln löste eine Lawine von Abbestellungen aus. Wirkte sich ihr Interesse an dem Projekt anfangs noch positiv auf die Verkaufszahlen aus – kehrte sich dieser Effekt nun zum Nachteil der »Concorde« ins Gegenteil um. So erwies sich die Trendsetter-Rolle der führenden US-amerikanischen Fluglinie gleichsam als Fluch und Segen. Einzig die beiden staatlichen Fluglinien Frankreichs und Großbritanniens blieben dem Projekt aus nationalen Prestigegründen verbunden. Insgesamt wurden 20 »Concorde« produziert, von denen British Airways sieben, und Air France fünf Exemplare im Laufe der Jahre im Linienverkehr einsetzten.

Am 24. Mai 1976 hoben je eine »Concorde« der Air France und British Airways in Paris und London zum Jungfernflug in die amerikanische Hauptstadt Washington D.C. ab. Das Überschallzeitalter des zivilen Luftverkehrs hatte begonnen. Tausende Amerikaner hatten sich in Vorfreude auf dieses historische Ereignis rund um den Dulles Airport vor den Toren der Stadt mit bester Sicht auf die Landebahn positioniert und damit sämtliche Zufahrtstrassen zum Flughafen blockiert. Schnell folgten mit New York, Rio de Janeiro, Dakar, Bahrain und Singapur weitere Destinationen. Letztere auch in Kooperation mit Singapore Airlines, die teilweise in einer kombinierten British Airways / Singapore Airlines Lackierung geflogen wurden. Die USA erlebten eine kleine »Concorde«-Renaissance, als die US-Fluglinie Braniff von Januar 1979 bis Juni 1980 inneramerikanische »Concorde«-Flüge zwischen Washington D.C. und ihrem Hub am Flughafen Dalls-Fort Worth anbot. Zum Einsatz kamen sowohl Maschinen der Air France als auch jene der British Airways. Für jeden einzelnen Flug über US-Territorium erwarb Braniff pro forma das eingesetzte Flugzeug, das auch für diese Zeit eine amerikanische »N«-Registrierung erhielt. Auch die Cockpit- und Kabinen-Besatzungen wurden für die US-Strecke von Braniff gestellt. Zum Erstaunen der Airline blieb die Nachfrage hinter den Erwartungen weit zurück. Und dies, obwohl ein Flug mit der »Concorde« nicht mehr kostete als der reguläre First Class-Tarif. So musste Braniff notgedrungen dieses Experiment nach anderthalb Jahren aus wirtschaftlichen Gründen wieder einstellen.

Nach dem tragischen Unfall einer Air France-Maschine am 25. Juli 2000 wurde dem Flugzeugmuster zunächst die Typenzulassung entzogen und erst nach einer umfangreichen Flugunfalluntersuchung sowie angeordneten Modifikationen im September 2001 erneut erteilt. Das Maßnahmenpaket umfasste eine Auskleidung der Tragflächentanks mit einem vor äußeren Beschädigungen schützenden Kevlar-Gewebe, den Einbau neu entwickelter robusterer Reifen sowie besser isolierter elektrischer Leitungen. Ab dem 7. November des Jahres kehrten vier Air France und fünf British Airways »Concordes« in den Liniendienst zurück. Dies nur einen Monat nach den Anschlägen in New York und Washington D.C, die als »11. September« in die Geschichtsbücher eingingen. Die Reiselust war zu jenem Zeitpunkt auch dem illustren Stammpublikum der »Concorde« vergangen. In Kombination mit dem Platzen der »Dotcom«-Spekulationsblase rund um Technologiefirmen an den globalen Börsen, was eine weltweite Wirtschaftskrise verur-

British Airways und Air France blieben ungeachtet des anfänglichen Interesses von Fluglinien rund um den Globus die einzigen Betreiber der »Concorde«. (Foto: © Ken Fielding, CC BY-SA 3.0)

sachte, verschärfte sich die finanzielle Lage des Überschall-Flugbetriebs auf dramatische Weise. Und so dauerte es keine zwei Jahre, bis beide Airlines eine Ausmusterung ihrer kostspieligen Prestigeobjekte in Angriff nahmen. Nachdem Air France ihre letzte »Concorde« bereits am 31. Mai 2003 stillgelegt hatte, ging am 24. Oktober des Jahres die Überschall-Ära auch bei British Airways endgültig zu Ende. Hoffnung auf eine Fortsetzung des Flugbetriebs keimte auf, als der britische Multimilliardär und Unternehmer Richard Branson British Airways das Angebot unterbreitete, deren sieben Concorde zum symbolischen Preis von je einem britischen Pfund zu übernehmen – und die Flugzeuge profitabel weiter zu betreiben. Vielleicht war es aber auch nur ein Marketing-Bluff, dessen negative Antwort aus dem British Airways-Firmensitz Branson schon vorausahnen konnte. Zum Verdruss der weltweiten »Concorde«-Fangemeinde kam Richard Branson leider nicht in die Verlegenheit sein großes Versprechen einzulösen zu müssen. Auch andere, bis in die Gegenwart reichende Bemühungen wenigstens eine »Concorde« als Traditionsflugzeug wieder flugklar zu machen sind bislang am Veto aller beteiligten Parteien gescheitert.

Technische Daten BAC / SUD »Concorde«

Länge: 61,66 m
Spannweite: 25,60 m
Flügelfläche: 358,25 qm
Höhe: 12,20 m
Rumpfdurchmesser: 2,90 m
Motoren: 4 x Rolls-Royce / Snecma »Olympus« 593 Mk. 610
Schubkraft: 4 x 169,1 kN
Leergewicht: 78.900 kg
Max. Startgewicht: 187 Tonnen
Reisegeschwindigkeit: 2.200 km/h
Höchstgeschwindigkeit: 2.400 km/h
Reichweite: ca. 6.700 km (max. Nutzlast)

Obgleich es immer wieder Bemühungen gibt, einen neuen Passagier-Überschalljet zu konstruieren, wird die »Concorde« wohl auf absehbare Zeit das einzige Muster ihrer Art bleiben.
(Foto: © Aero Icarus, CC BY-SA 2.0)

Zum Landen konnte die Nase der »Concorde« abgesenkt werden, sodass die Piloten freie Sicht auf die vor ihnen liegende Piste hatten.
(Foto: © Eric Salard, CC BY-SA 2.0)

Die »Concorde«-Flotte der British Airways wurde auf der zentralen Wartungsbasis am Flughafen London-Heathrow technisch betreut, wo auch heute noch eine Maschine abgestellt ist. (Foto: © Simon Boddy, CC BY-SA 2.0)

Zwei »Concorde« der Air France im Schlepp zum Wartungshangar der Fluglinie am Flughafen Paris Charles-de-Gaulle. Man sieht gut die elegant geschwungenen Flügel, die an ein Space Shuttle erinnern. (Foto: © Air France)

Endanflug einer »Dragon Lady« auf die britische Royal Air Force-Basis Fairford. Die enorme Spannweite der Tragflächen lässt unweigerlich an ein Segelflugzeug denken. (Foto: © U.S. Air Force / Staff Sgt. Jarad A. Denton)

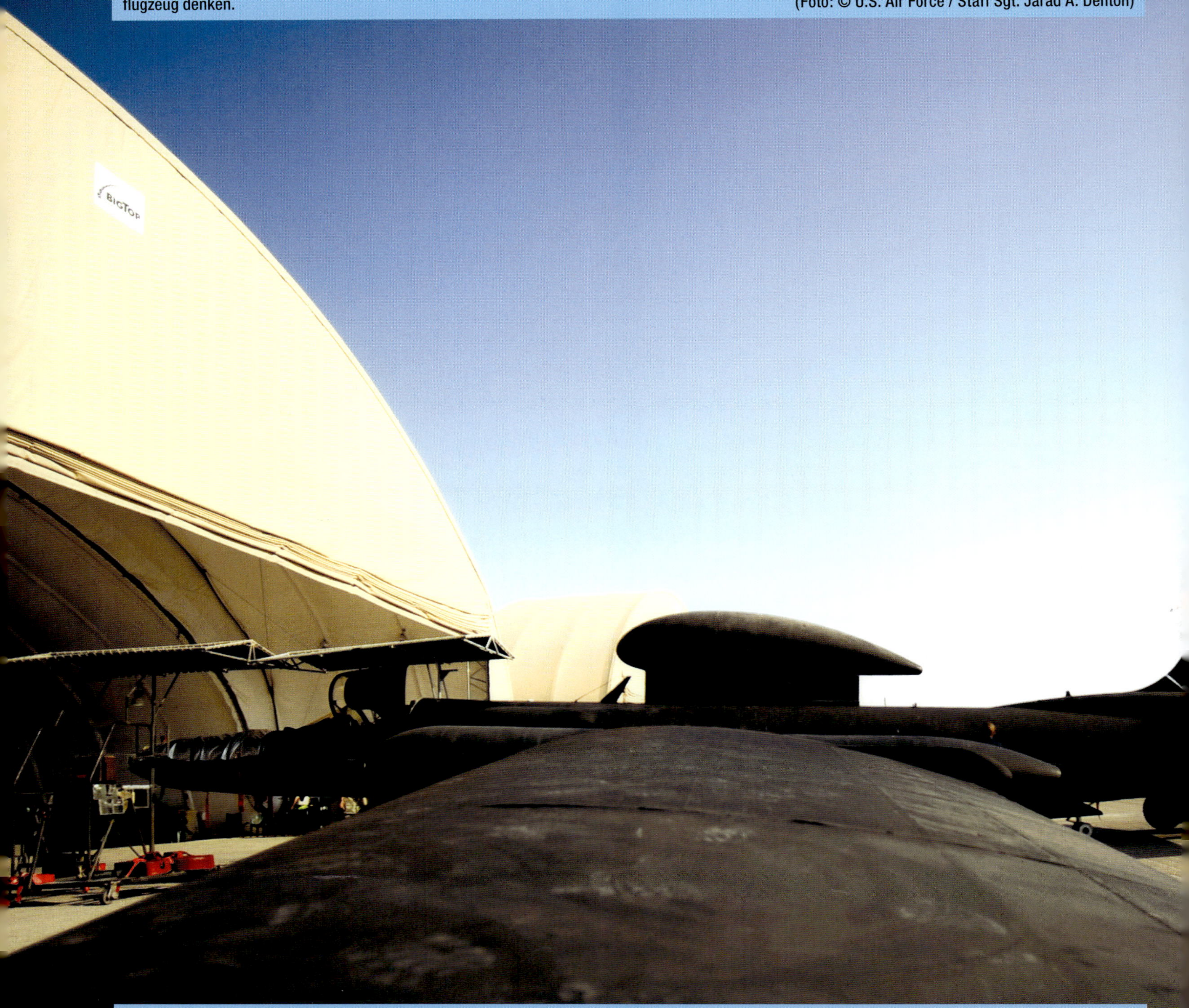

Wartungsarbeiten an einer U-2 »Dragon Lady« zwischen zwei Aufklärungseinsätzen. Auf dem Rumpfrücken trägt sie eine stromlinienförmige Satellitenantenne zur Breitband-Kommunikation. (Foto: © U.S. Air Force / Staff Sgt. Andy M. Kin)

Ein Wart entfernt sich im Laufschritt; der Start der Maschine steht unmittelbar bevor. Ganz links erkennt man gerade eines der »Stützräder« die nach wenigen Metern Rollstrecke automatisch abfallen.
(Foto: © U.S. Air Force / Tech. Sgt. Russ Scalf)

LOCKHEED U-2 »DRAGON LADY«
Kalte Kriegerin

Wenn es einen Flugzeugtyp gibt der stellvertretend für die Zeit des »Kalten Krieges« zwischen der Sowjetunion und den Vereinigten Staaten steht, dann die Lockheed U-2. Bereits die Entwicklungsphase des primär als Spionageflugzeug des amerikanischen Geheimdienstes CIA genutzten Jets wurde mit Mythen und Legenden verschleiert. So erfuhr die Öffentlichkeit erstmals am 7. Mai 1956 aus einer Presseerklärung des amerikanischen »Nationalen Berater Komitees für Luftfahrt« (NACA) vom Beginn eines Flugzeugprogramms das primär der Förderung des Luftverkehrs durch die Erforschung von meteorologischen Bedingungen in großen Flughöhen dienen sollte. Dabei handelte es sich jedoch um kein anderes Flugzeug als den Spionage-Jet Lockheed U-2 dessen Entwicklung bereits drei Jahre zuvor unter strengster Geheimhaltung begonnen hatte. Die vom US-Militär und dem Geheimdienst an Lockheed-Chefdesigner Kelly Johnson und sein Team gestellte Aufgabe lautete ein Flugzeug zu entwickeln das in so großer Flughöhe über dem Territorium feindlicher Staaten, wie der UdSSR und der Volksrepublik China, fliegen kann, dass es für deren Abfangjäger und Raketen unerreichbar ist. Mit einem kleinen Mitarbeiterstab gelang Johnson das für unmöglich gehaltene: binnen acht Monaten entwickelten sie den U-2A Prototyp der zu gleich zwei Erstflügen startete. Bei einem Rollversuch mit Testpilot Tony LeVier am Steuer hob die Maschine erstmals am 4. August 1955 ungewollt ab – und konnte nur unter großen Mühen und um den Preis eines beschädigten Heckfahrwerks wieder zu Boden gebracht werden. Bis heute sind Landungen selbst der weiterentwickelten TR-1 ein kritisches Unterfangen, da die Maschine kurz vor dem Aufsetzen im Bodeneffekt über der Landebahn schwebt und nur schwer zum Aufsetzen zu bewegen ist. Zu gut sind ihre Flugeigenschaften, die eher einem Hochleistungssegler gleichen. Vier Tage nach diesem ungeplanten Hüpfer erfolgte der »echte« Erstflug der die U-2 bis in eine Flughöhe von 10.700 m brachte und unter den kritischen Augen der Premierengäste aus den Rängen der geheimnisumwitterten CIA stattfand.

Die U-2, deren »U« für »Utility (Zweckmäßigkeit) steht, erweist ihrem Namen bis in die Gegenwart alle Ehre. Sei es als Aufklärungsmaschine mit hoch auflösenden Kameras an Bord, in der »Earth Ressources« ER-2 Version als Forschungsflugzeug der amerikanischen Weltraumbehörde NASA, als für Einsätze von Flugzeugträgern optimierte U-2C/R, als in mehr als 21.000 Metern fliegender Ersatz von defekten Kommunikationssatelliten oder als taktisches Aufklärungsflugzeug in der nochmals vergrößerten und ab 1981 gebauten »Tactical Reconnaissance One« TR-1A-Version der U.S. Air Force – die U-2 ist weit mehr als ihr Ruf eines Spionagejets. Maschinen dieses Typs lieferten im Oktober 1962 fotografische Beweise dafür, dass die UdSSR Raketen auf der Karibikinsel Kuba vor der Küste der USA stationieren und lösten somit eine der schwersten Krisen der Nachkriegszeit aus, die die Welt an den Rand eines Nuklearkrieges führte. In neuerer Zeit lieferten Aufklärungsflüge mit modernisierten US-2S fotografische und digitale Erkenntnisse über strategische Entwicklungen in Krisengebieten auf dem Balkan, dem Irak, Afghanistan und Nordkorea.

Dass sie weltweit Berühmtheit erlangte und sogar einer irischen Rockband den Namen gab lag vor allem an dem spektakulären Abschuss des amerikanischen Piloten Francis Gary Powers am 1. Mai 1960 auf einem Spionageflug der ihn von Pakistan ausgehend über sowjetisches Gebiet nach Norwegen führen sollte. Westlich von Swerdlowsk, dem heutigen Jekaterinenburg, wurde die Maschine von einer sowjetischen Flugabwehrrakete des Typs S-75 abgeschossen was bis dahin in den USA für unvorstellbar galt. Allerdings hatte Powers mit Triebwerksproblemen zu kämpfen was ihn dazu zwang seine sichere Flughöhe aufzugeben und somit für die russischen Raketen und Kampfjets erreichbar wurde. Nachdem die Explosion des Geschosses das Höhenruder des Flugzeugs vom Rumpf abgetrennt hatte versuchte Powers den Jet noch vor seinem Ausstieg per Rettungsfallschirm durch Betätigen eines Selbstzerstörungsknopfes zu vernichten. Doch die enormen Fliehkräfte des abstürzenden Flugzeugs verhinderten, dass er diesen erreichen konnte und so fielen die Überreste der geheimnisumwitterten U-2 dem damaligen »Klassenfeind« in die Hände. Powers wurde gefangen genommen und zunächst zu zehn Jahren Haft verurteilt jedoch bereits am 10. Februar 1962 gegen den sowjetischen Spion Rudolf Abel an der berüchtigten Glienicker Brücke in Berlin ausgetauscht, die bis zur deutschen Wiedervereinigung Schauplatz zahlreicher dieser Transaktionen zwischen dem Ostblock und den westlichen Nationen war. Nach seiner Rückkehr in die USA wurde Gary Powers Mitglied des hinter verschlossenen Türen arbeitenden »Skunk Work«-Entwicklungsteams der Lockheed-Flugzeugwerke und somit direkter Mitarbeiter von Clarence L. »Kelly« Johnson, der für die Konzeption der U-2 verantwortlich war. Als Folge des Abschusses der U-2 unterzeichneten die USA und die Sowjetunion ein Abkommen das Spionageflüge über dem Territorium des jeweils anderen Landes untersagte. Auch weitere »Dragon Ladies« gingen durch Abschüsse über der Volksrepublik China, über Kuba sowie durch Unfälle verloren – aber keines dieser Ereignisse schlug so hohe diplomatische Wellen wie der Abschuss von Powers über der UdSSR.

Im Verlauf ihrer Produktionszeit wurde das ursprüngliche U-2 Spionageflugzeug des Jahres 1955 nicht nur technologisch weiterentwickelt sondern auch in seinen Dimensionen vergrößert. Die 1967 zum Erstflug gestartete U-2R und die daraus abgeleiteten, strukturell identischen Versionen ER-2 der NASA und TR-1A der U.S. Air Force des Jahres 1981 sind mit einer Spannweite von 32 Metern und einer Rumpflänge von 19,2 Metern rund vierzig Prozent größer als die Basisversion. Die letzte TR-1 – und somit U-2 – wurde im Oktober 1989 an die U.S. Air Force geliefert und wie alle anderen U-2 zunächst mit der neuen Bezeichnung U-2R versehen. Ab 1994 investierte das amerikanische Militär 1,7 Milliarden Dollar in die Modernisierung der Flugzeugzellen und der installierten Aufklärungs-Sensoren. Im Rahmen dieses Programms wurden auch die ursprünglich installierten Triebwerke durch modernere, General Electric F118-101 ersetzt und die so modifizierten Maschinen von der U.S. Air Force als U-2S bezeichnet. Die Flugzeuge sind auf der kalifornischen Beale Air Force Basis beim 9. Aufklärungsgeschwader der U.S. Air Force stationiert kommen jedoch auf ihren Missionen rund um den Globus zum Einsatz. Zu der Flotte zählen auch fünf doppelsitzige TU-2S Schulungsmaschinen auf denen die Piloten mit diesem Flugzeugmuster vertraut gemacht werden. Dazu gehört auch die besondere Landetechnik, die sich seit 1955 nicht verändert hat. Damit die Piloten einschätzen können wie hoch sie sich noch über der Landebahn

U-2 der amerikanischen Luftwaffe leisten über sämtlichen, für die US-Regierung relevanten Krisengebieten dieser Welt Aufklärungsarbeit. (Foto: © U.S. Air Force)

Die NASA betreibt zwei Lockheed ER-2 »Earth Ressource«-Versionen als fliegende Forschungs-Plattformen. Die Maschinen sind am NASA-Forschungsflughafen im kalifornischen Palmdale stationiert. (Foto: © NASA)

Begegnung zwischen einer startklaren unbemannten RQ-4 »Global Hawk«-Drohne und einer doppelsitzigen U-2-Schulungsmaschine im Landeanflug auf die kalifornische Beale Air Force Base. Die RQ-4 leisten wie die U-2 in großen Flughöhen für die amerikanischen Streitkräfte Aufklärungsarbeit. (Foto: © U.S. Air Force / Airman 1st Class Bobby Cummings)

Eine ER-2 der NASA steht in Fort Wainwright, Alaska, bereit zu einer Forschungsmission. Besonders gut erkennt man in diesem Bild die beiden Sensorbehälter unter den Flügeln sowie die abwerfbaren Stützräder. (Foto: © public domain)

Eine ER-2 der NASA beim langen Landeanflug. Die Landeklappen sind voll ausgefahren, ebenso die Luftbremsen und das Fahrwerk. Laut Pilotenaussagen landen die Flugzeuge durch ihren hohen Auftrieb selbst noch mit Leerlaufdrehzahl regelrecht widerwillig. (Foto: © NASA)

Die Lockheed U-2 erreichen eine Einsatzflughöhe von über 21.000 Metern und fliegen damit rund doppelt so hoch wie ein normales Passagierflugzeug. (Foto: © Ronnie Macdonald, CC BY 2.0)

befinden, wird die U-2 nach Überfliegen der Startbahnschwelle von einem Fahrzeug verfolgt an dessen Steuer sich ebenfalls ein U-2 Pilot befindet. Er informiert seinen fliegenden Kameraden an Bord der Maschine während des Ausschwebens, wenige Sekunden vor dem Aufsetzen über dessen exakte Position über der Piste. Nur so ist die perfekte Landung einer U-2 möglich.

Technische Daten Lockheed U-2S

Länge: 19,13 m

Spannweite: 31,39 m

Flügelfläche: 92,9 qm

Höhe: 4,88 m

Triebwerk: General Electric F118-101

Schubkraft: 84,5 kN

Leergewicht: 7.000 kg

Max. Startgewicht: 18.700 kg

Einsatz-Geschwindigkeit: 690 km/h

Einsatz-Flughöhe: über 21.000 m

Reichweite: 10.300 km

Eine NASA ER-2 und U-2C überfliegen die weltberühmte Golden Gate Bridge vor San Francisco. Die Zelle der ER-2 ist deutlich länger als die der U-2. (Foto: © public domain)

HOCH HINAUS

NORTH AMERICAN X-15
Höhenrekordlerin

Obgleich die North American Aviation X-15 als Flugzeug gilt erinnert ihr Erscheinungsbild mehr an eine Rakete mit Stummelflügeln. Im Verlauf des fast zehnjährigen Versuchsprogramms das die amerikanische Weltraumbehörde NASA in enger Kooperation mit der amerikanischen Luftwaffe und Marine sowie dem Hersteller der X-15 durchführte, stellte dieser Flugzeugtyp mit einer Geschwindigkeit von Mach 6,7 sowie einer Flughöhe von 107.960 Metern gleich zwei inoffizielle Weltrekorde auf. Es verwundert nicht, dass die von einem Raketenmotor angetriebene X-15 nicht wie andere »X«-Projekte als Forschungsobjekt für die Entwicklung von Technologien für künftige amerikanische Kampfflugzeuge genutzt wurde sondern vielmehr der Vorbereitung von Weltraumprogrammen der NASA wie »Mercury«, »Gemini« sowie »Apollo« diente. Zudem profitierte das Entwicklungsteam der wiederverwendbaren NASA-Weltraumfähre »Space Shuttle« von den mit der X-15 erflogenen Daten. Die drei gebauten Maschinen kamen zwischen dem 8. Juni 1959 und 24. Oktober 1968 auf 199 Flügen zum Einsatz bei denen 13 Missionen eine Flughöhe von 80 Kilometern und mehr erreichten und somit nach Definition der U.S. Air Force ins Weltall führten. Legt man den strengeren Maßstab des internationalen Luftfahrtverbandes FAI zu Grunde, der die Grenze zum All in rund 100 Kilometern Höhe sieht, waren es hingegen lediglich zwei Flüge unter dem Kommando von NASA-Pilot Joe Walker. Dennoch wurden alle acht Piloten der U.S. Air Force sowie der NASA, die jene 80 Kilometer-Grenze mit einer X-15 überschritten hatten, zu Raumfahrern erklärt und mit den begehrten Astronautenschwingen ausgezeichnet.

Der erste, noch nicht motorisierte Gleitflug einer X-15 erfolgte am 8. Juni 1959 mit North American-Werkspilot Scott Crossfield am Steuer. Wie bei allen späteren Flüge wurde das Raketenflugzeug dabei von einem modifizierten Boeing B-52 Bomber der NASA in rund 13.700 Meter und bei einer Geschwindigkeit von rund 930 Kilometern pro Stunde ausgeklinkt und kehrte auf seinem Erstflug wie ein Segelflugzeug zur Erde zurück. Ein Absetzen der X-15 aus der Luft war erforderlich, da die Raketenmotoren bei einem konventionellen Abheben vom Boden aus zu viel Treibstoff verbraucht hätten und weder die geplante Geschwindigkeit – noch die Flughöhe erreichbar gewesen wären.

Die X-15 wurden im Verlauf ihrer fast zehnjährigen Einsatzzeit von lediglich zwölf auserwählten Piloten geflogen von denen fünf für die NASA arbeiteten, fünf Angehörige der U.S. Air Force und einer der U.S. Navy waren – ergänzt um Scott Crossfield als Werkspilot von North American. Üblicherweise wurden die Flugzeuge in zwei alternierenden Flugprofilen eingesetzt: Entweder im Geradeausflug um eine möglichst hohe Geschwindigkeit zu erreichen – oder im steilen Parabelflug knapp über die Grenze des Weltraums hinaus. Nach dem Ausklinken vom B-52 Trägerflugzeug zündeten die Piloten den Raketenmotor ihres Flugzeugs der für 80 bis 120 Sekunden die X-15 beschleunigte bis die Maschine für die restliche Dauer ihrer acht bis zwölf Minuten währenden Mission antriebslos als Segler zu ihrer Basis zurückkehrte. Da das Bugfahrwerk der X-15 nicht steuerbar war und das Hauptfahrwerk aus Kufen bestand landeten die Superflugzeuge auf dem Sandbett des ausgetrockneten Rogers Dry Lake der unmittelbar

Eine North American X-15 ist im Eingangsbereich des Luft- und Raumfahrtmuseums Smithsonian Institution auf der Museumsmeile in der amerikanischen Hauptstadt Washington D.C. ausgestellt. (Foto: © Stefan Köhler)

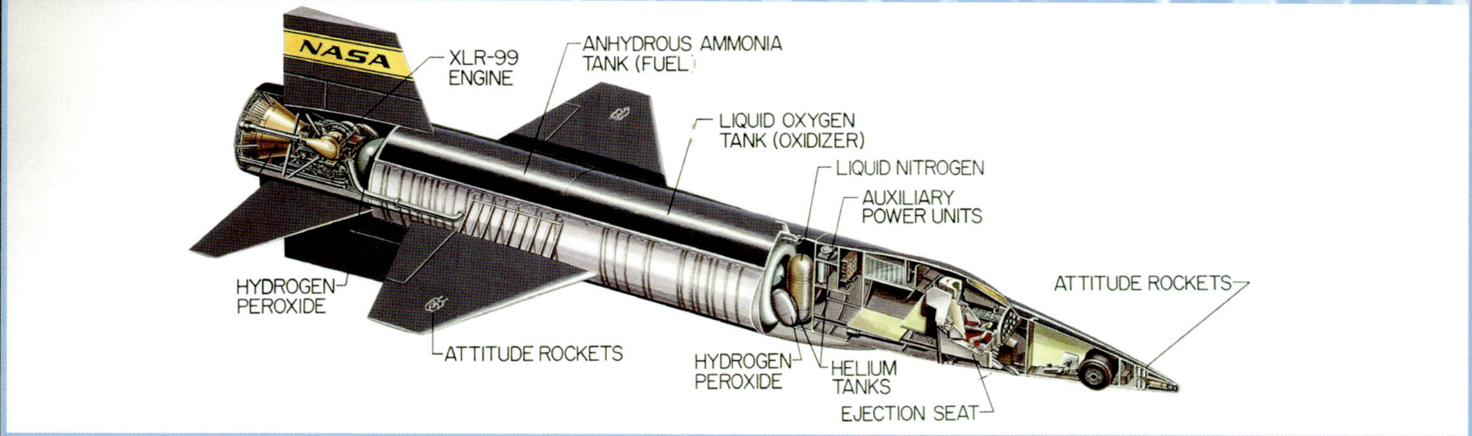

Diese Zeichnung zeigt den Aufbau der einsitzigen X-15, deren Rumpf überwiegend vom Raketenmotor und dem Treibstofftank ausgefüllt war. (Foto: © NASA)

Die umgebaute Boeing B-52 eignete sich hervorragend, um die relativ kleine North American X-15 als Außenlast in große Höhen zu tragen. (Foto: © NASA)

Fast auf Ausklinkhöhe: Der Himmel ist tiefschwarz, die NB-52 zieht Kondenstreifen hinter sich her. Das X-15-Programm diente zur Grundlagenforschung der NASA für die laufenden Raumfahrtprogramme und lieferte auch nützliche Daten für die späteren Space Shuttles. (Foto: © NASA)

Da die X-15 über kein steuerbares Bugrad sowie lediglich über Landekufen an Stelle des Hauptfahrwerks verfügte, landeten die Raketenflugzeuge stets auf dem riesigen ausgetrockneten Salzsee nahe der Edwards Air Force Base. (Foto: © NASA)

neben der kalifornischen Edwards Air Force Base und dem NASA »Dryden Flight Research Center«-Flugversuchszentrum liegt. Im Notfall hätten die X-15 jedoch auch auf anderen ausgetrockneten Seen in der kalifornischen Wüste landen können die für eventuelle Notfälle vorbereitet waren.
Die Entwicklung der X-15 geht auf die Anforderung der staatlichen US-amerikanischen Organisation für Grundlagenforschung in der Luftfahrt (NACA) zurück, die ein Experimentalflugzeug mit einem Geschwindigkeitsprofil bis in den Hyperschallbereich jenseits von Mach 5 sowie zur Weltraumforschung wünschte. Die NACA präsentierte ihre Pläne im Juli 1954 der U.S. Air Force und U.S. Navy die sich im Rahmen einer Absichtserklärung im Dezember 1954 prinzipiell zur Entwicklung der X-15 zusammenschlossen. Im September 1955 wählte die amerikanische Luftwaffe schließlich das Konzept von North American im Rahmen einer Projektausschreibung unter den führenden amerikanischen Flugzeugherstellern aus. Das Flugzeug wurde von dem North American-Programmteam unter der Leitung von Charles Feltz und mit Unterstützung des NACA Langley Aeronautical Laboratory in Hampton, Virginia, sowie der so genannten »High-Speed Flight Station« im kalifornischen Dryden entworfen. Die einsitzige X-15 wurde speziell für die Erforschung der physikalischen Einflüsse und deren Beherrschbarkeit auf Flüge jenseits von Mach 5 ausgelegt. Das betraf einerseits die an der Außenhaut der Maschine auftretende große Hitze von über 600 Grad Celsius, andererseits die aerodynamische Stabilität bei so hohen Geschwindigkeiten. Da die Raketenmotor-Abteilung der Thiokol Chemical Corporation zunächst das geplante XLR-99-Triebwerk nicht liefern konnte musste sich das Team mit zwei weniger leistungsfähigen XLR-11-Raketenmotoren als Antrieb der X-15 zufrieden geben. In dichteren Luftschichten wurde die Maschine wie ein konventionelles Flugzeug mit Hilfe von Höhen- und Seitenrudern kontrolliert. Bei Eintritt in den Weltraum übernahmen im Bug und an den Tragflächen installierte kleine Raketendüsen die Steuerung um alle Achsen. Die Außenhaut der X-15 bestand aus einer Nickel-Chrom-Legierung namens »Inconel X« die besonders den hohen Temperaturen beim Flug mit über Mach 5 in niedrigeren Luftschichten widerstehen konnte. Die Pilotenkanzel war aus leichtem Aluminium gebaut und gegenüber der sie umgebenden heißen Flugzeugstruktur besonders gut isoliert.
Fast ein »Abfallprodukt« des X-15-Forschungsprogramms waren die in dessen Verlauf erflogenen spektakulären Rekorde. Wie jener von Luftwaffen-Pilot Pete Knight, der am 3. Oktober 1967 den inoffiziellen Geschwindigkeits-Weltrekord von Mach 6,7 aufstellte oder der Höhenrekord von NASA-Pilot Joseph Walker der am 22. August 1963 sagenhafte 107.960 Meter erreichte. Viel wichtiger waren jedoch die fast 800 Forschungserkenntnisse, die anhand der X-15 gewonnen wurden und Grundlage für spätere Hochgeschwindigkeits- und Weltraumflüge bildeten.
Obgleich die meisten Einsätze ohne Komplikationen verliefen ereigneten sich zwei schwere Unfälle im Verlauf der X-15-Testreihe. Am 9. November 1962 verunglückte Testpilot Jack McKay als sich seine Maschine nach dem Aufsetzen auf den Rücken drehte. Von seinen schweren Verletzungen scheinbar genesen kehrte McKay zunächst zum NASA-Versuchsteam zurück, musste jedoch auf Grund von gesundheitlichen Folgeschäden seine Testpilotenkarriere wenig später aufgeben. Ein fataler Unfall ereignete sich

Ein spannender Blickwinkel aus dem Trägerflugzeug. Man sieht die X-15, die am Flügelpylon hängt und in Kürze ausgeklinkt wird. Die drei gebauten Maschinen kamen zwischen dem 8. Juni 1959 und 24. Oktober 1968 auf 199 Flügen zum Einsatz. 13 Missionen erreichten eine Flughöhe von 80 Kilometern und mehr. (Foto: © NASA)

am 15. November 1967 als die dritte hergestellte X-15 unter dem Kommando von Michael Adams im Flug außer Kontrolle geriet und abstürzte.

Technische Daten North American X-15

Länge: 15,24 m

Spannweite: 6,71 m

Flügelfläche: 18,58 qm

Höhe: 4,12 m

Triebwerk: Reaction Motors XLR-99 regelbares Flüssigraketentriebwerk

Max. Geschwindigkeit: 7,274 km/h (Mach 6,72)

Leergewicht: 5.160 kg (Basisversion)

Max. Startgewicht aus dem Flug: 14.190 kg

Reichweite: 450 km

Ein T-38A-Beobachtungsflugzeug der NASA verfolgt den unmittelbar bevorstehenden Moment des Ausklinkens der X-15 vom Pylon der Trägermaschine. (Foto: © public domain)

Im Jahr 1966 entstand diese Aufnahme einer X-15 zusammen mit dem von Northrop entwickelten HL-10 »Lifting Body«-Flugzeug, bei dem der Auftrieb überwiegend von dessen Rumpf erzeugt wird. (Foto: © NASA)

Die X-15 ziert das offizielle Logo des nach dem ersten Menschen auf dem Mond benannten Armstrong Flight Research Center der NASA. (Foto: © NASA / David Faust)

Die X-15 Piloten, wie hier NASA-Tespilot Bill Dana, trugen auf ihren Miss - onen in einer Flughöhe von bis zu 80 Kilometern spezielle Schutzanzüge und Helme, ähnlich den damaligen Astronauten. (Foto: © NASA)

Unmittelbar nach dem Ausklinken vom Trägerflugzeug zündet die X-15 ihr Raketentriebwerk das sie auf eine Flughöhe von über 80 Kilometern katapultiert. (Foto: © NASA)

Nach ihrer Landung auf dem Rogers Dry Lake sichert die Bodenmannschaft das Raketenflugzeug während die Absetzmaschine nach traditionellem Überflug zur benachbarten NASA-Basis zurückkehrt. (Foto: © public domain)

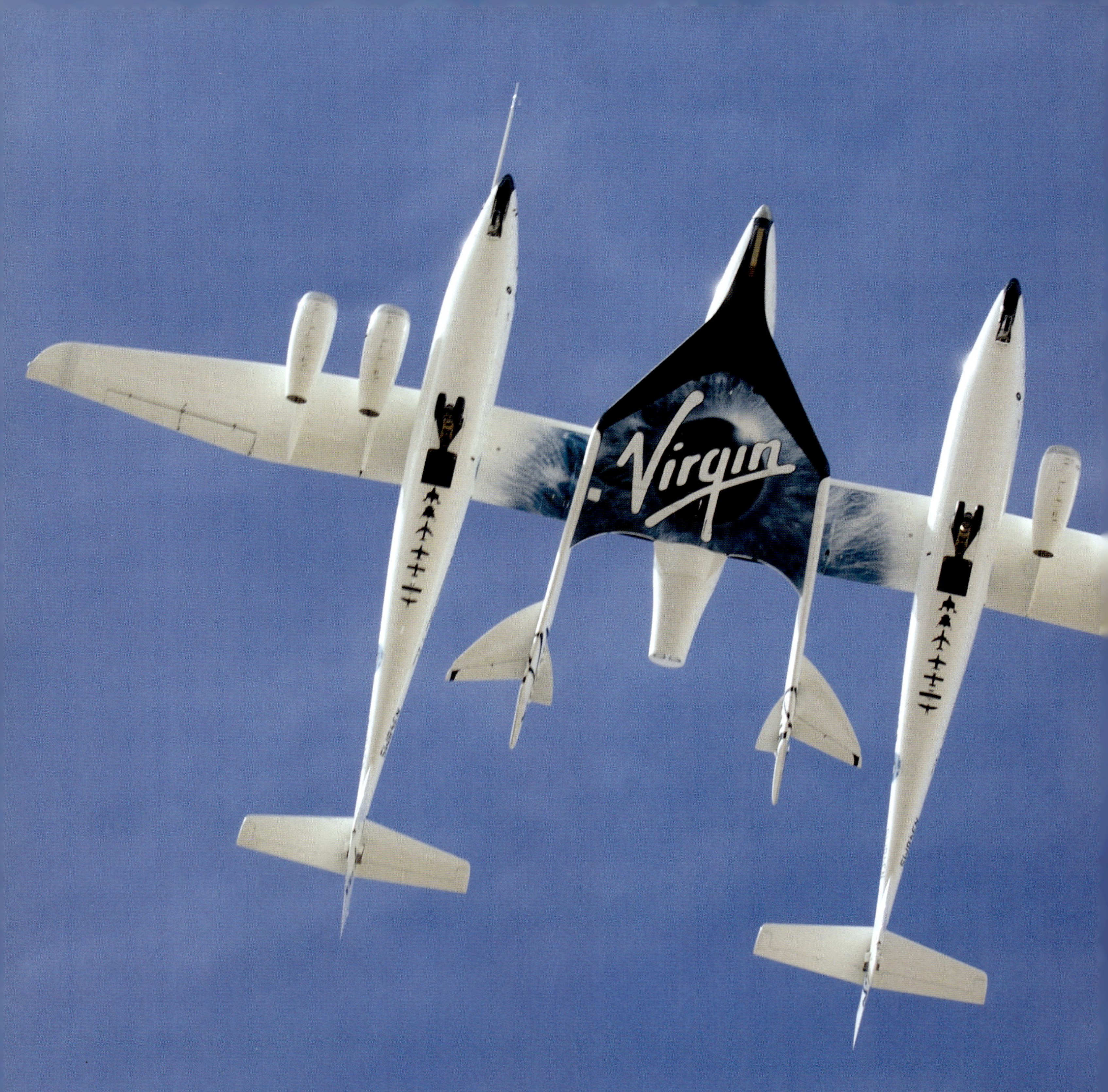

Virgin Galactic ist das erste kommerzielle Unternehmen, das Passagiere an die Grenze des Weltraums befördern wird. (Foto: © Virgin Galactic)

Space Ship Two und White Knight Two auf dem Weg zum Absetzpunkt des Raumschiffs. Eindeutig hat ein neues Zeitalter in der Raumfahrt begonnen. (Foto: © Jeff Foust, CC BY 2.0)

Das Cockpit des künftig auch für den Passagiertransport eingesetzten Space Ship Two (Foto: © Virgin Galactic)

VIRGIN GALACTIC »SPACESHIPTWO«
Die Sterne im Blick

Während mit der Junkers F13 im Jahr 1919 bereits das erste speziell für die Passagierluftfahrt entwickelte Flugzeug an den Start ging, sollten weitere 100 Jahre verstreichen bis Virgin Galactic erstmals den Traum vom Flug ins Weltall für Jedermann erfüllt – wenn man bereit und in der Lage ist einen sechsstelligen Betrag dafür aufzubringen! Gegründet vom britischen Abenteurer und Unternehmer Sir Richard Branson ist Virgin Galactic die erste kommerzielle »Spaceline« die mit ihrem Raumschiff vom Typ »Space Ship Two« (SS2) es den maximal sechs Passagieren pro Flug ermöglichen wird einen kurzen Abstecher ins Weltall zu unternehmen. Bei Veröffentlichung dieses Buches hatten mehr als 600 Frauen und Männer aus 50 Nationen ein Ticket ins All erworben – das sind mehr als alle westlichen Astronauten, russischen Kosmonauten und chinesischen Talkonauten zusammengerechnet die seit dem ersten Weltraumflug des Russen Juri Gagarin am 12. April 1961 den Blauen Planeten für einen Abstecher ins All kurzzeitig verlassen haben.

Mit Virgin Galactic erfüllt sich Sir Richard Branson einen Kindheitstraum den er zunächst zusammen mit Burt Rutan verwirklichte. Dessen Unternehmen Scaled Composites gilt als amerikanischer Pionier bei der Herstellung von Flugzeugen aus Glasfaser sowie Kohlefaser verstärktem Kunststoff. Rutan und Microsoft-Mitbegründer Paul G. Allen hatten bereits vor der Gründung von Virgin Galactic mit dem Trägerflugzeug »White Knight« und dem aus der Luft gestarteten Raketenflugzeug »Space Ship One« (SS1) am 21. Juni 2004 Luft- und Raumfahrtgeschichte geschrieben als Pilot Michael Melvill der Aufstieg in 109 Kilometer Höhe gelang. Da die internationale aeronautische Vereinigung FAI die Grenze zum Weltall mit einer Höhe von 100 Kilometern definiert war dies der erste privat finanzierte Weltraumflug der Menschheit. Die Kombination von Trägermaschine »White Knight« und »Space Ship« erinnert an das ebenfalls von Scaled Composites entworfene Riesenflugzeug »Stratolaunch«, das jedoch für den Luftstart erheblich größerer Lasten entwickelt wurde. Das drückt sich nicht zuletzt darin aus, dass die Spannweite von »Stratolaunch« 74 Meter größer ist als jene der »White Knight Two«.

Im Jahr 2005 gründeten Branson und Rutan die britisch-amerikanische »The Spaceship Company« mit Sitz am kalifornischen Mojave Air & Space Port die 2012 zu hundert Prozent in das Eigentum von Virgin Galactic überging. Ihre mehr als 400 Mitarbeiter entwickeln und bauen nicht nur die Raumschiffe sondern auch deren speziellen Antrieb und die fliegenden »White Knight Two«-Absetzplattformen. Die Technologien für den Flug ins Weltall übernahm die »SS2« weitestgehend von ihrem »SS1«-Vorgängermodell – verfügt im Vergleich dazu jedoch über eine rund doppelt so große Spannweite und eine fast sechsmal so große Kabine. Während »SS1« ausschließlich als Technologieträger diente mit dem das Startsystem, der Flug an den Rand des Weltalls und der Wiedereintritt in die Erdtmosphäre getestet wurden, ist »Space Ship Two« von Anbeginn als kommerzielles, wieder verwendbares Raumschiff für Passagierflüge konzipiert worden das wie eine Rakete aus dem Flug heraus startet und im Segelflug zur Erde zurückkehrt. Die maximal zwei Piloten und sechs Passagier-Astronauten werden an Bord des als »Virgin Space Ship« (VSS) vermarkteten »SS2« in einer Kabine reisen deren Dimensionen einem modernen Geschäftsreisejet entsprechen. Große Fenster an den Seiten und im Dach ermöglichen dabei einen atemberaubenden Rundumblick in die Weiten des Weltalls. Während des rund dreieinhalbstündigen Flugabenteuers, von dem nur eine halbe Stunde für den autarken Flug inklusive des Abstechers im Weltall angesetzt ist, werden die Passagiere maximal Kräften ausgesetzt die dem Vierfachen der Erdanziehungskraft entsprechen.

Angetrieben wird das zu hundert Prozent aus kohlefaserverstärktem Kunststoff gebaute »Space Ship Two« von einem Raketenmotor der im Gegensatz zu konventionellen Raumschiffen im Notfall in jeder Flugphase wieder abzustellen ist. Er besteht im Prinzip aus einem Kern festen Kunststoffs der unter Zuführung von Lachgas als Oxidationsmittel kontrolliert abbrennt. Acht Sekunden nachdem das Raumschiff vom »White Knight Two«-Trägerflugzeug ausgeklinkt hat wird der Motor gestartet der das »SS2« auf dreieinhalbfache Schallgeschwindigkeit beschleunigt bis die maximale Flughöhe von rund 110 Kilometern und somit das Weltall per FAI-Definition knapp erreicht ist. Damit fliegt das »Virgin Space Ship« hoch genug um den Passagiere für rund sechs Minuten ein echtes »Weltraum Feeling« zu bieten – einschließlich des Erlebnisses schwerelos durch die Kabine zu gleiten. Ein besonderes Konstruktionsmerkmal des »Space Ship Two« ist seine so genannte »Feder«. Dabei werden die Flügelenden zur Einleitung der Rückkehr zum Boden nach oben geklappt um einen kontrollierten Eintritt in die Erdatmosphäre mit Mach 2,5 zu ermöglichen. Dieses von Burt Rutan erdachte, im Flugzeugbau einzigartige System wurde der Besatzung des ersten, als Hommage an die US-Kultserie auf den Namen »Enterprise« getauften SS2-Raumschiffs am 31. Oktober 2014 zum Verhängnis

Space Ship Two jagt mit gezündetem Raketentriebwerk steil in den Himmel. Der Gleiter beschreibt dann eine Parabel, an deren Spitze die Insassen einige Minuten Schwerelosigkeit erleben. (Foto: © Virgin Galactic)

In knapp über 100 Kilometern Höhe eröffnen sich sagenhafte Ausblicke. In dieser Höhe ist bereits deutlich die Erdkrümmung zu sehen. (Foto: © Virgin Galactic)

Eine am Leitwerk montierte Kamera zeigt das Raketentriebwerk bei vollem Schub. Vorne am Rumpf sieht man die runden Fenster für die späteren Passagiere. (Foto: © Virgin Galactic)

Nach dem Abstecher ins All kehrt das Raumfahrzeug im antriebslosen Gleitflug zur Erde zurück. (Foto: © Virgin Galactic)

Grund zur Freude: Nach dem geglückten Raumflug von Space Ship Two lässt Projekt-Initiator und Self-Made-Millionär Richard Branson seinen Gefühlen freien Lauf. (Foto: © Virgin Galactic)

Space Ship Two vor dem kalifornischen Firmensitz der ersten »Space-Line« der Welt. Der reguläre Flugbetrieb wird jedoch von New Mexiko aus stattfinden. (Foto: © Virgin Galactic)

Start von Space Ship Two am kalifornischen Mojave Air & Space Port unter dem Flügel des Trägerflugzeugs White Knight Two. (Foto: © Virgin Galactic)

nachdem der Kopilot den Verriegelungsmechanismus zu früh gelöst hatte. Die aerodynamischen Kräfte waren nach dem zu frühen Ausfahren der »Feder« nahe der Schallgeschwindigkeit so groß, dass sie die »Enterprise« binnen weniger Sekunden zerstörten. Wie durch ein Wunder gelang es dem Kommandanten zwar schwer verletzt, aber lebend am Fallschirm zur Erde zurückzukehren während der Kopilot seinen Fehler auf tragische Weise mit dem Leben bezahlen musste. Dieser und andere Rückschläge während der Testphase führten dazu, dass das Virgin Galactic-Team seinen ursprünglichen Zeitplan revidieren musste und nun erst ab voraussichtlich 2020 die ersten kommerziellen Raumflüge anbieten wird.

Technische Daten Virgin Galactic »SpaceShipTwo«

Länge: 18,29 m
Spannweite: 12,80 m
Höhe: 4,57 m (mit abgesenkter »Feder«)
Kabinenlänge: 3,66 m
Kabinenbreite: 2,28 m
Antrieb: Hybrid-Raketenmotor Scaled Composites »RocketMotorTwo«
Max. Geschwindigkeit bei Wiedereintritt in die Erdatmosphäre: Mach 2,5
Max. Flughöhe: 110.000 m
Flugdauer gesamt: 1,5 – 2 Stunden.
Flugdauer nach Ausklinken von »WhiteKnightTwo«-Trägerflugzeug: 30 min.
Passagierkapazität: 6
Besatzung: 2

Virgin Galactic »WhiteKnightTwo«

Trägerflugzeug
Länge: 23,77 m
Spannweite: 42,67 m
Höhe: 7,93 m
Antrieb: 4 x Pratt & Whitney Canada PW 308 Fantriebwerke
Reichweite: ca. 4.800 km
Absetzhöhe: 13.700 – 15.200 m
Gesamtdauer einer Mission: 2 Stunden
Davon vom Start bis zum Absetzen des »SpaceShipTwo«: 60 Minuten

Landung von Space Ship Two am Mojave Air & Space Port. Beachtlich, was private Initiativen in den letzten Jahren hervorgebracht haben! (Foto: © Virgin Galactic)

»SOLAR IMPULSE 2«
Allein mit Sonnenenergie um die Welt

Mit der Solar Impulse 2 war den Piloten Bertrand Piccard und André Borschberg im Jahr 2016 der Beweis gelungen, dass es möglich ist mit einem Solarflugzeug die Welt im Fluge zu umrunden, ohne dabei einen Tropfen fossilen Treibstoff zu verbrauchen und die Umwelt mit Schadstoffen zu belasten. Die Weltumrundung nahm am 9. März 2015 im Golfstaat Abu Dhabi ihren Anfang und führte den Höhenwinden folgend in West-Ost-Richtung über zweier Ozeane und vier Kontinenten hinweg einmal rund um den Globus bevor die Solar Impulse 2 am 26. Juli 2016 zu ihrem Ausgangsflughafen zurückkehrte. Für die Flugdistanz von total 42.438 Kilometer benötigten die sich bei den Zwischenlandungen ablösenden Abenteurer mehr als ein Jahr und 17 Etappen. Darunter befand sich der bis dahin längste Soloflug der Luftfahrtgeschichte den André Borschberg in vier Tagen, 21 Stunden und 52 Minuten zwischen der japanischen Großstadt Nagoya und der im Pazifik gelegenen Inselgruppe Hawaii nonstop meisterte. Die dabei zurückgelegte Distanz betrug inklusive wetterbedingter Extrarunden 8.279 Kilometer!

Für Projektinitiator Bertrand Piccard ist dies weit mehr als ein Rekordflug denn er wollte mit diesem Flug öffentlichkeitswirksam beweisen, dass es durchaus möglich ist auf Basis der in diesem Flugzeug verbauten Technologien den weltweiten Energieverbrauch zu halbieren, natürliche Ressourcen zu schonen und die Lebensqualität aller Bewohner dieses Planeten zu verbessern. Damit war Piccard Vorreiter eines globalen Trends, der im Sommer 2019 besonders Flugreisen als umweltschädlichste Art des Reisens anprangert und umweltverträglichere Alternativen favorisiert.

Technische Daten
Solar Impulse 2

Länge: 22,40 m

Spannweite: 71,9 m (Im Vergleich: Boeing 747-8: 68,50 m)

Höhe: 6,37 m

Antrieb: 17.248 Solarzellen die vier Lithium-Ionen-Batterien mit Strom versorgen.

Diese treiben ihrerseits vier Elektromotoren an.

Leistung: 4 x 17,4 PS

Reisegeschwindigkeit tagsüber: ca. 90 km/h

Reisegeschwindigkeit nachts: ca. 60 km/h um Strom zu sparen.

Max. Flughöhe: 12.000 m

Reichweite: prinzipiell unbegrenzt – einzig limitiert von der physischen Konstitution des Piloten.

Mit Pilot und Projektinitiator Bertrand Piccard am Steuer startet die Solar Impulse 2 am 13. November 2014 vom Militärflugplatz Payerne.
(Foto: © Milko Vuille, CC BY-SA 4.0)

Die Solar Impulse 2 im Hangar auf Hawaii, das André Borschberg nach dem längsten Soloflug der Luftfahrtgeschichte erreichte. Der Flug dauerte vier Tage, 21 Stunden und 52 Minuten. (Foto: © Anthony Quintano, CC BY 2.0)

Die von Nagoya nach Hawaii zurückgelegte Distanz von 8.279 Kilometern brachte Mensch und Maschine an ihre Grenzen. Nach der glücklichen Landung mussten erst einmal diverse Elektromotoren repariert werden. (Foto: © Anthony Quintano, CC BY 2.0)

Die Gebrüder Wright bauten nicht nur Flugapparate, sondern stellten auch deren Antriebe in ihren eigenen Fabriken her. (Foto: © Sammlung Dr. John Provan)

Start eines in Berlin-Johannisthal hergestellten Wright-Flugapparates. (Foto: © Sammlung Dr. John Provan)

Wilbur und Orville Wright reisten mit ihren Flugapparaten durch Europa. (Foto: © Sammlung Dr. John Provan)

WRIGHT »FLYER« 1903
Das erste Superflugzeug

»Ich will verdammt sein wenn sie nicht flogen« entfuhr es einem Augenzeugen des ersten fotografisch und durch Augenzeugen belegten Motorfluges der Menschheitsgeschichte. Es war um 10:35 Uhr morgens am 17. Dezember 1903 als Orville Wright mit dem »Flyer 1« in den Dünen von Kitty Hawk an den Start ging und sich mit seinem Flugapparat rund 40 Meter weit durch die Luft bewegte. Immer wieder wird das Argument ins Feld geführt, dass der aus Deutschland stammende US-Immigrant Gustav Weißkopf bereits am 14. August 1901 mit seinem Flugapparat gestartet sei. Diese Behauptung ist jedoch weder mit Fotografien, noch durch glaubhafte Augenzeugenberichte untermauert. Ganz im Gegensatz zu Orville Wright und dessen Bruder Wilbur, der beim vierten Start am 17. Dezember 1903 bereits eine bewiesene Strecke von etwa 300 Metern in 59 Sekunden zurücklegte. Das Zeitalter des Motorfluges war unwiderlegbar angebrochen!
Die Gebrüder Wright hatten sich von dem deutschen Flugpionier Otto Lilienthal inspirieren lassen dessen bahnbrechenden Segelflugapparate Vorbilder für ihre eigenen Konstruktionen waren. 1899 brachten sie ihren ersten, selbst entworfenen Segler an den Start, der mit entscheidenden Verbesserungen gegenüber dem finalen Modell des drei Jahre zuvor tödlich verunglückten Deutschen versehen war. Kernstück des Wright-Entwurfs war das System der Flächenverwindung. Dieses Vorgängerprinzip der heute üblichen Querruder an den Tragflächenenden ermöglichte erstmals den vom Piloten bewusst eingeleiteten Kurvenflug.

Weitere Entwürfe nicht motorisierter Gleiter folgten, doch waren die klimatischen Bedingungen an ihrem Wohnort Dayton, Ohio, für weitere Flugtests denkbar ungeeignet. Eine Anfrage beim amerikanischen Wetterdienst empfahl ihnen »Kitty Hawk« mit seinen starken und konstanten Winden. So zogen sie im Jahr 1900 mit ihren Flugapparaten an die Atlantikküste von North Carolina um und setzen dort ihre Experimente unter optimalen Wetterbedingungen fort.

Konnten sie ihre Gleiter noch vom Kamm eines Hügels aus starten lassen, so benötigte der schwerere »Flyer 1« mit seinem von den Wrights selbst gebauten 12 P.S. Vierzylinder-Motor eine Startschiene, von der aus er sich in die Lüfte erhob. Wilbur und Orville Wright ruhten sich auf ihren ersten Erfolgen nicht aus und entwickelten größere, noch leistungsfähigere Flugapparate. Ihre wirtschaftliche Zukunft sahen sie zunächst in Europa und so tourte Wilbur Wright in den Jahren 1908 und 1909 durch zahlreiche europäische Städte, wobei er auch Passagiere zu Rundflügen, unter anderem im französischen Le Mans, im brandenburgischen Potsdam oder Berlin. Im August 1909 gründeten die Wrights die Flugmaschinen GmbH mit Sitz in Berlin-Johannisthal. Es folgten die Astra Cie. in Frankreich und die Wright Co. in Italien. Erst danach hoben sie die in New York ansässige Wright Company in ihrem Heimatland USA aus der Taufe. Obgleich sie die Pioniere des Motorfluges waren, blieb ihr kommerzieller Erfolg begrenzt. Vor allem in Europa war ein beispielloses »Flugfieber« ausgebrochen, das immer neue Wettbewerber und Modelle auf den Markt brachte. So gelang es den Wrights bis zum Jahr 1910 lediglich 115 Flugzeuge zu verkaufen. Zwei weitere waren für Orville und Wilbur Wright zur persönlichen Verwendung gebaut worden. Wright Flugapparate flogen in Deutschland, Frankreich,

Italien, Spanien, den USA und selbst in Japan! Am 30. Mai 1912 verstarb Wilbur Wright an Typhus. Sein Bruder Orville arbeitete zunächst weiter an der Verbesserung der Wright-Flugzeuge, verkaufte jedoch 1915 seine Anteile an den eigenen Flugzeugwerken. Bis zu seinem Tode am 30. Januar 1948 beschäftigte er sich in seiner kleinen von ihm »Wright Aeronautical Laboratory« genannten Werkstatt mit Themen der Luftfahrtforschung.

Feierlichkeiten im Jahr 1948 anlässlich der erstmaligen Präsentation des Wright »Flyer« und der RYAN »Spirit of St. Louis« im Smithsonian Institution in Washington D.C. (Foto: © Sammlung Dr. John Provan)

Technische Daten Wright »Flyer«

Länge: 6,40 m

Spannweite: 12,20 m

Höhe: 12,57 m

Flügelfläche: 47,4 qm

Antrieb: 1 x 4-Zylinder-Motor der auf zwei Propeller wirkte.

Leistung: 12 PS

Gewicht: 275 kg

Reichweite: 259,7 Meter!

Wilbur Wright nach einem misslungenen Startversuch in den Dünen von Kitty Hawk am 14. Dezember 1903. (Foto: © public domain)

Die Gebrüder Wright errichteten vor dem ersten Motorflug der Menschheit im Jahr 1903 zwei provisorische Hütten, in denen ihr Flugapparat sowie die Werkstatt direkt am Startplatz untergebracht waren. (Foto: © public domain)

Der fotografische Beweis des ersten kontrollierten Motorfluges der Menschheit am 17. Dezember 1903. Vielleicht war dies nicht der erste Motorflug – jedoch der erste fotografisch und von Zeugen belegte Versuch. (Foto: © public domain)

An Bord der F13 fanden bis zu vier Passagiere bequem Platz. (Foto: © Lufthansa)

An Stelle des historischen Junkers L2-Reihenmotors treibt ein zuverlässiger Pratt&Whitney-Sternmotor die Neubauten der F13-Kleinserie an. (Foto: © Philipp Prinzing)

Betankung einer F13 für den nächsten Flug nach Mannheim und Karlsruhe. (Foto: © Lufthansa)

JUNKERS F13
Vor 100 Jahren: Das erste »echte« Verkehrsflugzeug

Vor einhundert Jahren, am 25. Juni 1919 ging mit der Junkers F13 das erste ausschließlich für die Beförderung von Passagieren entwickelte und in moderner Ganzmetallbauweise hergestellte Verkehrsflugzeug an den Start. Das im markanten Wellblech-Design gebaute Flugzeug, das zum Markenzeichen vieler nachfolgender Junkers-Modelle werden sollte, kam nicht nur bei der firmeneigenen Fluglinie »Junkers Luftverkehr« zum Einsatz sondern war ein globaler Verkaufsschlager der neben der Firmenzentrale im sachsen-anhaltinischen Dessau auch in den USA, der Sowjetunion und in Schweden gebaut wurde. Junkers F13 flogen neben der ursprünglichen Landversion auf Rädern auch mit Skiern ausgerüstet in arktischen Regionen, oder als Wasserflugzeuge auf Schwimmern im südamerikanischen Dschungel und im Linienverkehr zwischen den Elbmetropolen Dresden und Hamburg. Eine skurrile Verwendung waren die drei zu fliegenden Taubenschlägen umgerüsteten F13, die in Belgien ihre gefiederte Fracht im Flug zu Wettbewerben zwischen ihren Züchtern beförderten.

Nach diversen Fusionen und Firmenpleiten hatte sich im Jahr 1923 die einst bunte Landschaft deutscher Fluglinien prinzipiell auf die beiden Gruppierungen »Deutscher Aero Lloyd« und »Junkers Luftverkehr« reduziert. Während der Lloyd über Beteiligungen an anderen Unternehmen zu wachsen suchte, verfolgte der Airline-Ableger des Junkers Flugzeugbaus eine ganz andere Strategie: Neben der eigenen Fluglinie wurden Airlines in Europa und Übersee in cleveren Gegengeschäften mit den neuen Ganzmetall-Maschinen aus Dessauer Produktion ausgerüstet. Junkers brachte seine Produkte entweder als Kapitaleinlage in diese Airlines ein oder beteiligte sich finanziell an seinen Kunden, um künftige Aufträge für die eigene Produktion über das erkaufte Mitspracherecht zu sichern.

Um sich besser im Wettbewerb mit dem Deutschen Aero Lloyd zu positionieren, rief Junkers zwei Holding-Gruppen ins Leben, in denen sich seine europäischen Beteiligungen zusammenschlossen. Am 14. Mai 1923 entstand zunächst die Trans-Europa-Union, gefolgt von der am 22. Oktober des gleichen Jahres gegründeten Ost-Europa / Nordeuropa-Union. Während die Trans-Europa-Union Fluglinien in der Schweiz, Deutschland, Österreich und Ungarn umfasste, waren in der Nordeuropa-Union Gesellschaften mit Sitz in Deutschland, dem Baltikum und Finnland vereint. Weitere Kooperationen und eigene Fluglinien folgten in Schweden, der UdSSR und Kolumbien. Rückgrat dieser Allianz-Flotten war zunächst die Junkers F13, deren »Annelise« getaufter Prototyp am 25. Juni 1919 zum ersten Mal in Dessau startete. Nord- und Südamerika, Europa und Asien – rund um den Globus kam das erste Ganzmetall-Verkehrsflugzeug der Welt zum Einsatz. Bis zu vier Passagiere fanden in der geschlossenen und beheizbaren Kabine bequem Platz, deren Sessel bereits mit Sitzgurten ausgestattet waren. Auch im halb offenen Cockpit zog der Fortschritt in Form eines Doppelsteuers für zwei nebeneinander sitzende Piloten ein.

Die in über 300 Exemplaren gebaute F13 flog genauso zuverlässig unter arktischen, wie subtropischen Bedingungen. Der markante Wellblechflieger war nicht nur das weltweit erste in großer Serie produzierte Verkehrsflugzeug, sondern auch ein augenfälliger Kontrast zu den sonst üblichen, mit

Stoff bespannten und abgestrebten Holzflügeln anderer Produzenten. Das von Junkers-Chefkonstrukteur Otto Reuter entworfene Flugzeug verfügte im Gegensatz zur Konkurrenz über einen so genannten »freitragenden« Flügel. Seine verborgende Struktur sorgte für die nötige Festigkeit und machte die den Luftwiderstand erhöhenden Verstrebungen der Konkurrenzmuster überflüssig. Ein Prinzip, das bis heute im modernen Flugzeugbau zur Anwendung kommt. Und noch eine technische Innovation wurde bereits bei der Junkers F13 eingeführt: der Trimmtank im Leitwerk des Flugzeugs. Durch das Umpumpen von Treibstoff während des Fluges kann so der optimale Schwerpunkt des Flugzeugs gehalten werden. Was bei modernen Verkehrsflugzeugen heutzutage als »innovativ« gilt, ist in Wahrheit eine Junkers-Erfindung aus den Anfangstagen der Fliegerei! Mit diesem Flugzeugtyp wurde »Junkers« weltweit zum Inbegriff für sicheres und zuverlässiges Fliegen. Die F13 war für die Junkers Flugzeugwerke ein technisch und wirtschaftlich großer Erfolg, der erst von der zivil, wie militärisch genutzten Junkers Ju 52/3m »Tante Ju« in den Schatten gestellt werden sollte. Ihren Durchbruch erlebte der Firmengründer jedoch nicht mehr. Von den Nazis 1933 entmachtet und teilweise enteignet, in seiner Bewegungsfreiheit eingeschränkt und mit dem Vorwurf des Landesverrats konfrontiert, starb Hugo Junkers völlig verbittert am 3. Februar 1935.

Damit wäre die Geschichte der Junkers F13 bis auf wenige, in Museen erhaltene Exemplare beendet – wenn nicht Dieter Morszeck, Privatpilot und Inhaber der Firma Rimowa die Idee des Neubaus der F13 im Rahmen einer Kleinserie gehabt hätte. Das erste, noch in Handarbeit gefertigte Exemplar ging 2016 erstmals an den Start und erhielt zwei Jahre später seine Musterzulassung. Parallel dazu wurde von ihm im Januar 2018 die »Junkers Flugzeugwerke AG« im schweizerischen Dübendorf gegründet. Jenem Platz, an dem seit Jahrzehnten die fliegenden schweizerischen Junkers Ju 52/3m stationiert sind, deren technische Betreuung ebenfalls die Junkers Flugzeugwerke übernommen haben. Die zwei Piloten und bis zu vier Passagieren Platz bietenden F13-Neubauten vereinen die hundertjährige Junkers-Tradition mit heutiger Technologie und sind so eng wie möglich dem Original des Jahres 1919 nachempfunden. Hervorstechendes Merkmal ist ihr 9-Zylinder Sternmotor mit einer maximalen Leistung von 450 PS des Herstellers Pratt & Whitney, der als verfügbare und alltagstaugliche Alternative an Stelle des ursprünglichen Junkers L-2 zum Einbau gelangt.

Eine Junkers F13 ist im Technikmuseum der schwedischen Hauptstadt Stockholm für die Nachwelt bewahrt. Maschinen dieses Typs kamen auf Schwimmern als Wasserflugzeuge sowie im Winter auf Skiern in Skandinavien zum Einsatz. (Foto: © Wolfgang Borgmann)

Die Junkers F13 war das erste moderne aus Ganzmetall gebaute Verkehrsflugzeug der Welt. Mit diesem Typ begründete Junkers seinen Ruf als Hersteller von sicheren und zuverlässigen Passagier- und Transportflugzeugen. (Foto: © Lufthansa)

Eine F13 der in Ostwestfalen ansässigen Westflug GmbH wassert auf dem Rhein. An der Fluglinie aus Bielefeld und Bad Oeynhausen war Junkers zeitweilig mit 41,4 Prozent der Anteile beteiligt. (Foto: © Sammlung Wolfgang Borgmann)

Junkers F13 wurden unter anderem von der schwedischen Fluglinie AB Aerotransport (ABA) auf nächtlichen Postflügen zwischen Stockholm und London eingesetzt. Andere ABA F13 flogen auf Tagesflügen mit Passagieren innerhalb Skandinaviens und bis nach Deutschland.
(Foto: © Sammlung Wolfgang Borgmann)

Das Cockpit des F13-Neubaus der schweizerischen Junkers Flugzeugwerke ist wie das gesamte Flugzeug so nah wie möglich an das historische Vorbild angelehnt, jedoch mit modernen Instrumenten und Systemen zur Gewährleistung eines sicheren und zuverlässigen Flugbetriebs aufgerüstet.
(Foto: © Gregor Kaluza2018 – Junkers Flugzeugwerke AG)

Die im schweizerischen Dübendorf entstehenden Junkers F13-Neubauten verlangen das Wiedererlernen historischer Handwerke – wie das Anfertigen der für Junkers so typischen Wellblechverkleidung.
(Foto: © Philipp Prinzing)

Blick von oben in das halboffene Cockpit der in der Schweiz neu gebauten Junkers F13. (Foto: © Gregor Kaluza2018 – Junkers Flugzeugwerke AG)

Technische Daten Junkers F13

Länge: 9,60 m
Spannweite: 17,75 m
Höhe: 4,10 m
Antrieb: Junkers L-2
Leistung: 1 x 200 PS
Tankinhalt: ca. 340 l
Max. Startgewicht: 1.850 kg
Geschwindigkeit: ca. 170 km/h
Passagierkapazität: 4
Frachtzuladung: 30 – 40 kg
Reichweite: ca. 800 km
(Landflugzeug. Luft Hansa-Version des Jahres 1926)

Junkers F13 S

Länge: 9,60 m
Spannweite: 17,75 m
Höhe: 3,80 m
Antrieb: Junkers L-2
Leistung: 200 PS
Tankinhalt: ca. 340 l
Max. Startgewicht: 1.850 kg
Geschwindigkeit: ca. 170 km/h
Passagierkapazität: 4 – 5
Frachtzuladung: 30 – 40 kg
Reichweite: ca. 800 km
(Mit Skiern ausgerüstet. Luft Hansa-Version des Jahres 1926)

So oder ähnlich dürfte es ausgesehen haben, als Piloten in den 20er-Jahren ihre F13 aus kleinen Metallfässern betankten. Diese Szene wurde jedoch vor dem Erstflug der neuen F13 nachempfunden. (Foto: © Rimowa)

HFB 320 »HANSA JET«
Der erste deutsche, in Serie gebaute Jetliner

Will man die HFB 320 korrekt beschreiben, so kommt man nicht umhin eine etwas sperrige Formulierung zu verwenden. Schließlich war sie »das erste deutsche, in Serie produzierte Düsenverkehrsflugzeug«. Hätte es die Dresdner (Baade) 152 Ende der 50er-Jahre über das Prototypenstadium hinaus geschafft würde sie zu Recht jenen stolzen Titel tragen. Aber von der 152 flogen lediglich zwei Vorserienmaschinen bis das Programm wieder eingestellt wurde, und so war der »Hansa Jet« das erste Serienmodell von dem neben zwei Prototypen auch 45 Kundenflugzeuge die Endmontagelinie in Hamburg-Finkenwerder verließen.

Die deutsche Luftwaffe war größte Kundin der HFB 320 und bestellte ECM-Maschinen für die Eletronische Kriegsführung sowie VIP-Jets für die Flugbereitschaft der Luftwaffe. (Foto: © Ein HANSA JET für Hamburg e.V.)

Wie vor 55 Jahren, als die HFB 320 erstmals an den Start ging, fasziniert der kleine Jet bis in die Gegenwart mit einer für seine Klasse enorm großen Kabine – nicht zuletzt auf Grund seines ungewöhnlichen Aussehens. Ist er doch bis heute das weltweit einzige Düsenverkehrsflugzeug das über stark nach vorne gepfeilte Tragflächen verfügt. Mit ihm erlernten die norddeutschen Flugzeugbauer die Entwicklung, Produktion, den Verkauf sowie die Kundenbetreuung eines Jet-Flugzeugprogramms. Auch wenn die Hamburger Flugzeugbau GmbH (HFB) mit diesem Muster hohe Verluste erwirtschaftete, war die anhand der HFB 320 gewonnene Erfahrung sprichwörtlich Goldwert und ermöglichte die Bewerbung der Hansestadt für das nachfolgende Airbus-Programm.

Als der HFB 320 V1-Prototyp mit dem Kennzeichen D-CHFB am 21. April 1964 zu seinem Erstflug abhob beschäftigte HFB gerade einmal 4.000 Mitarbeiter. Viele von ihnen haben später bei Airbus Karriere gemacht oder gründeten erfolgreich eigene Unternehmen der Luftfahrtbranche. Mit Rüdiger Grube schaffte es sogar einer von ihnen bis auf den Chefsessel der Deutschen Bahn AG! So verwundert es nicht, dass zur heutigen »Hansa Jet«-Fangemeinde auch viele Ehemalige des damaligen HFB-Teams gehören. Darunter Werkspiloten, Konstrukteure, Techniker oder »Hansa Jet«-Verkäufer. Größter Kunde für fabrikneue HFB 320 war mit Abstand die deutsche Luftwaffe, deren letzte Maschine erst im Juni 1994 mit einem feierlichen »Last Call« ausgemustert wurde. Sechs »Hansa Jets« beförderten in der siebensitzigen VIP-Version bei der Flugbereitschaft des Bundesministeriums der Verteidigung zuverlässig Regierungsmitglieder der Bundesrepublik Deutschland zu Staatsbesuchen ins europäische Ausland – und acht Exemplare flogen in der »Electronic Counter Measure« (ECM)-Version mit ihren markanten Außenantennen als Trainer der elektronischen Kampfführung. Zwei HFB 320 testete zudem die Wehr Technische Dienstelle (WTD) 61 als Erprobungsstelle der Luftwaffe im bayerischen Manching auf Herz und Nieren.

Der Jet der Hollywood-Stars

Seit nunmehr einem halben Jahrhundert hat auch Elizabeth Kleinman ihr Herz an den Hansa Jet verloren. Die US-Amerikanerin kann auf eine ganz besondere Erfahrung zurückblicken, denn als eine von fünf Flugbegleiterinnen der Golden West Airlines hat sie in den Jahren 1969 und 1970 den wohl seltensten Beruf im Zusammenhang mit der HFB 320 ausgeübt. Schließlich gab es in der langen Geschichte des »Hansa Jets« nur dieses eine Flugzeug das im Linienflugverkehr mit einer Kabinenbesatzung als

Die in Hamburg gebaute HFB 320 ist bis heute das einzige Düsenverkehrsflugzeug weltweit mit negativ gepfeilten Tragflächen. (Foto: © HFB)

Die HFB 320 war eine Konstruktion von Hans Wocke, der bereits in den 40er-Jahren mit der Junkers Ju 287 ein Flugzeug mit negativ gepfeilten Tragflächen entworfen hatte. (Foto: © HFB)

Die Hamburger General Air war in den 60er- und 70er-Jahren eine deutsche Regionalfluggesellschaft und setzte unter anderem eine HFB 320 auf Charterflügen ein.
(Foto: © HFB)

Hansa Jets sind in diversen Museen in Deutschland und Frankreich – ja selbst als Tauchobjekt unter Wasser in den USA – zu bestaunen. Hier die HFB 320ECM des Luftwaffenmuseums in Berlin-Gatow.
(Foto: © calflier001, CC BY-SA 2.0)

Endmontage der Hansa Jets in den 60er-Jahren auf dem heutigen Airbus-Werksgelände in Hamburg. (Foto: © HFB)

Airliner eingesetzt wurde. Durch Zufall entdeckte Kleinman zu Beginn des Jahres 1969 in der Los Angeles Times das Inserat der im kalifornischen Van Nuys ansässigen Regionalfluggesellschaft Golden West: » Misst du 1,5 Meter oder weniger und wolltest schon immer mal fliegen? «. Mit diesem Text suchte die Airline Bordpersonal für ihre beiden fabrikneu erworbenen und als HANSA JET COMMUTER vermarkteten HFB 320. Mit ihnen plante sie vom Hollywood-Burbank Airport – dem heutigen Bob Hope Airport – aus nach Santa Barbara im Norden sowie dem südöstlich gelegenen Palm Springs zu fliegen. Speziell für diesen Einsatz wurde die Airliner-Version des Hansa Jets für maximal 15 Personen zugelassen: zwei Piloten, eine Stewardess und zwölf Passagiere. Auf diesen Flügen gab es weder Getränke noch Mahlzeiten oder andere Annehmlichkeiten wie die sonst an Bord von »Hansa Jets« übliche Toilette. Vielmehr war es die Aufgabe der Stewardessen die Sicherheitsvorkehrungen zu erklären und die Passagiere während des Fluges mit Hinweisen auf die unter ihnen vorbeiziehende Landschaft zu unterhalten. Elizabeth Kleinman erzählt noch heute gerne von ihrer großartigen Zeit als »Hansa Jet«-Stewardess und den Begegnungen mit Berühmtheiten des Hollywood-Showbusiness wie Andy Williams oder Frank Sinatra die sie auf den kurzen Flügen mit der HFB 320 an Bord begrüßen durfte. »Ich habe es geliebt den Passagieren zu erklären warum die Tragflächen des Hansa Jet nach vorne gestreckt sind«, erinnert sich die einstige »Mini Stewardess«. So nannte Golden West ihre maximal 1,5 m großen Flugbegleiterinnen, die bei einer durchgängigen Kabinenhöhe von 1,75 m selbst mit einer hochgesteckten Frisur ihrer Arbeit nachgehen konnten ohne an die Decke zu stoßen. Eines Morgens im Jahr 1970 fuhr Elizabeth Kleinman wie geplant zum Hollywood-Burbank Airport um sich im Büro der Golden West zum Dienstantritt zu melden – doch die Räume waren verwaist. Quasi über Nacht hatte das Unternehmen den »Hansa Jet«-Flugbetrieb eingestellt ohne seine Mitarbeiter vorab darüber zu informieren.

So beliebt der Hansa Jet im Rückblick bei all jenen ist die mit ihm beruflich zu tun hatten so wenig Erfolg hatte die Hamburger Flugzeugbau GmbH bei ihren damaligen Verkaufsbemühungen. Als sie ihr Projekt Anfang der 60er-Jahre öffentlich bekannt machte dominierten Hawker-Siddeley, Dassault, Lockheed, Grumman, North American und vor allem Lear den Markt für Businessjets. Die Claims waren daher bereits abgesteckt als der kleine und international völlig unbekannte Hamburger Flugzeughersteller im Juni 1963 erstmals seine ‚320' dem Fachpublikum auf dem Aérosalon in Paris Le Bourget vorstellte. Neben einem Stapel an Werbebroschüren hatten die Hamburger eine Attrappe des Flugzeugrumpfes in Originalgröße nach Paris mitgebracht die den Unterschied des »Hansa Jets«zu allen anderen Flugzeugmustern seiner Größenordnung auf anschauliche Weise verdeutlichte. Dieser bestand vor allem darin, dass es die um minus 15 Grad nach vorne gepfeilten Tragflächen ermöglichten den Flügelmittelkasten als Verbindung zwischen den beiden Flächen hinter der Fluggastkabine durch den Rumpf zu führen. Dies ersparte Hansa Jet-Passagieren und Bordpersonal das mühsame Klettern über einen die Kabine durchschneidenden Mittelkasten wie dies bis heute bei vielen anderen Geschäftsreisejets üblich ist. Somit hatten die Konstrukteure des Hamburger Flugzeugbaus freie Hand einen ‚Großraumjet' mit einzigartigen Kabinenmaßen in seiner Kategorie zu konzipieren. Neben der durchgängigen Stehhöhe von 1,75 m

verfügt die HFB 320 über eine maximale Rumpfbreite von 1,90 m und eine Länge von 4,58 m. Der Clou war jedoch, dass die extrem flexibel nutzbare Kabine binnen weniger Minuten zwischen einem zwölfsitzigen Passagierjet, einer siebensitzigen VIP-Maschine oder einem puren Frachter zu tauschen war. So erwarben die Kunden der Hamburger Flugzeugbau GmbH anstatt eines Flugzeugs gleich drei Jets, die sie je nach Bedarf im »Quick Change«-Verfahren den jeweiligen Erfordernissen anpassen konnten. Gerade die Frachtausführung war bis Anfang dieses Jahrtausends bei amerikanischen Expressfrachtgesellschaften sehr beliebt. Hansa Jets beförderten Pakete und Päckchen in den Farben der derzeit noch aktiven Purolator Express und Airborne Express (jetzt DHL) und kamen bei den früheren Grand Aire, Kalitta Air Services oder Pelican Express zum Einsatz. Damit nicht genug entwickelte HFB eine Schulungs-Version für die Ausbildung angehender Piloten, die von der nationalen holländischen Luftfahrtschule in Eelde bestellt wurde. Auch die Deutsche Forschungs- und Versuchsanstalt für Luft- und Raumfahrt (DFVLR) orderte eine HFB 320 die sie als Forschungsflugzeug am Standort Braunschweig einsetzte. Am augenfälligsten war jedoch die eingangs beschriebene HFB 320ECM-Version der deutschen Luftwaffe mit ihren diversen Antennenanbauten die als Trainer für die elektronische Kampfführung zum Einsatz gelangten.
Die Produktion des »Hansa Jets« fand in internationaler Kooperation statt und war somit ein kleiner Vorgeschmack auf das darauf folgende Airbus-Programm. Das Heck samt Leitwerk fertigte CASA in Spanien, das Fahrwerk stammte von Lockheed aus dessen britischem Zweigwerk, die Tragflächen baute SIAT in Donauwörth, die Triebwerke General Electric in den USA, den Rumpf die Hamburger Flugzeugbau GmbH in ihrem Werk Stade, und die Endmontage zum ganzen Flugzeug erfolgte schließlich bei HFB in Hamburg-Finkenwerder. Dem Erstflug des Prototyps am 21. April 1964 folgte eine dreijährige Testphase die von dem Absturz des ersten Prototypen überschattet wurde, bei dem Chef-Testpilot Loren W. »Swede« Davis auf tragische Weise sein Leben verlor. Am 21. Februar 1967 erhielt die HFB 320 ihre deutsche und wenige Wochen später auch die amerikanische Verkehrszulassung die es nun ermöglichte die ersten Kundenflugzeuge nach Europa sowie Nord- und Südamerika auszuliefern.

Technische Daten
HFB 320 »Hansa Jet«

Länge: 16,61 m
Spannweite: 14,49 m
Flügelfläche: 30,14 qm
Flügel-Pfeilwinkel vorwärts: 15 Grad
Höhe: 4,94 m
Motoren: 2 x General Electric CJ610 / -1, -5, -9
Leergewicht: 5.425 kg (Passagierversion)
Max Startgewicht: 9.200 kg
Max. Reisegeschwindigkeit: 825 km/h
Wirtschaftliche Reisegeschwindigkeit: 704 km/h
Reichweite: ca. 2.000 km (mit 7 Passagieren)

Die HFB 320 wurde als Airliner für den Transport von maximal zwölf Passagieren zugelassen, kam in dieser Ausführung jedoch ausschließlich bei Golden West in Kalifornien zum Einsatz. (Foto: © HFB)

Die Dornier Wal-Flugbootfamilie war mit Abstand die erfolgreichste Baureihe der Dornier-Flugzeugwerke. Abgebildet ist ein in Manzell am Bodensee gebautes »Acht Tonnen Wal«-Verkehrsflugboot Do J II mit 2 x 690 PS leistenden BMW VI-Motoren. (Foto: © Sammlung Wolfgang Borgmann)

Diese Aufnahme des M-MWAL »Plus Ultra« offenbart die Metallkonstruktion der Wal-Tragflächen. Im Januar 1926 gelang Ramon Franco mit diesem Flugzeug erstmals die Überquerung des Südatlantiks von Europa nach Südamerika. Die Maschine ist heutzutage in einem argentinischen Museum ausgestellt. (Foto: © Sammlung Manfred Griehl)

Als diese Aufnahme entstand, befanden sich die beiden Dornier Wale I-AYZZ und I-DAUR unmittelbar vor der Auslieferung an die italienische Fluglinie SANA. (Foto: © Sammlung Manfred Griehl)

Die I-DIAR wurde im Juni 1925 eingeflogen und bereits einen Monat später bei der Nordiska Flygrederiet AB für den Flugverkehr über dem Ostseeraum eingesetzt. Diese schwedische Fluglinie war eine Tochtergesellschaft des Deutschen Aero Lloyd und die italienische Registrierung der Flugzeuge ein Trick um die damals noch geltenden Beschränkungen des Versailler Friedensvertrags für deutsche Fluglinien zu umgehen. (Foto: © Sammlung Manfred Griehl)

Die Kabinen der Wal-Flugboote waren mit komfortablen Sesseln und bereits mit Sitzgurten ausgestattet. (Foto: © Dornier)

geglaubten Pioniere kehrten mit N-25 nach Spitzbergen zurück. Fünf Jahre später gelang Wolfgang von Gronau mit eben jenem jetzt D-1422 registrierten »Amundsen-Wal« der erste Flug von der Insel Sylt nach New York wo ihn eine jubelnde Menge und ein Empfang beim US-Präsidenten erwarteten. Mit dem so genannten »Grönland-Wal« gelang von Gronau im Jahr 1932 mit der von List auf Sylt ausgehenden Weltumrundung in Ost-West-Richtung ein weiteres Stück Luftfahrtgeschichte. In Erinnerung an die technische Exzellenz dieser Flugboot-Konstruktion ließ das Dornier Museum in Friedrichshafen ein statisches Exponat der N-25 in Originalgröße nachbauen, das dort zu besichtigen ist.

Technische Daten Dornier »Wal« Verkehrsflugboot (1924)

Länge: 17,3 m
Spannweite: 22,5 m
Höhe: 5,2 m
Triebwerke: 2 x Rolls-Royce Eagle IX
Leistung: 2 x 360 PS
Rüstgewicht: 3.630 kg
Fluggewicht: 5.700 kg
Höchstgeschwindigkeit: 185 km/h
Passagiere: 9
Besatzung: 3

Dieser Nachbau des »Amundsen Wals« steht im Dornier Museum am Flughafen Friedrichshafen und ist dort für Museumsbesucher zu besichtigen. (Foto: © Alec Wilson, CC BY-SA 2.0)

LEGENDEN

RYAN NYP »SPIRIT OF ST. LOUIS«
Solo über den Nordatlantik

Als Charles Augustus Lindbergh am 20. Mai 1927 auf dem Roosevelt Field bei New York zu seinem legendären Soloflug nach Paris abhob war er keinesfalls der erste Flugpionier der den Sprung über den Atlantik wagte. Bereits 69 Männer hatten es vor ihm in Luftschiffen und Flugzeugen gewagt, und waren sicher am geplanten Zielort auf dem jeweils anderen Kontinent angekommen. Den Anfang machten Lt. Commander A.C. Read und seine Besatzung, die mit dem US-Marine Flugboot Curtiss NC-4 am 16. Mai 1919 in den USA zum Flug Richtung Lissabon aufbrachen. Ursprünglich waren drei weitere, baugleiche Flugboote an den Start gegangen, doch nur die NC-4 erreichte nach einem Zwischenstopp auf den Azoren die portugiesische Hauptstadt. Dieser bravourösen Leistung folgte das britische Militär-Luftschiff R34, das am 2. Juli 1919 unter dem Kommando von Major Scott East Fortune mit 31 Mann Besatzung und einem blinden Passagier an Bord in Schottland aufbrach und nach 108 Stunden Fahrzeit die USA erreichte. Bereits sieben Tage nach ihrer Ankunft trat die R34 erfolgreich die Rückfahrt an und traf nach nur 75 Stunden bei starkem Rückenwind sicher in Irland ein. Der Atlantik hatte auf die frühen Pioniere der Luftfahrt eine magische Anziehungskraft. Vergleichbar mit den höchsten und am schwersten zu besteigenden Bergen, die Alpinisten heutzutage noch immer in ihren Bann ziehen. Alcock und Brown, Dr. Eckener, Major Ramon Franco, Marchese Francesco de Pinedo waren zu ihrer Zeit Helden der Lüfte – noch bevor Charles A. Lindbergh sich an die Planung seines Solofluges machte. Warum ausgerechnet Lindbergh bis heute als Ikone der Luftfahrt vielen Menschen bekannt ist, die ebenso wagemutigen Piloten vor und nach ihm jedoch weitestgehend in Vergessenheit gerieten, mag damit zusammenhängen, dass er es wagte ganz alleine den Atlantik zu bezwingen. Vielleicht trug aber auch Hollywood seinen Teil zum Heldenmythos bei denn 1957 setzte Billy Wilder dem Rekordflug mit seinem Werk »Spirit of St. Louis« ein cineastischen Denkmal. Die Hauptrolle des Charles A. Lindbergh, der für den Film selbst das Drehbuch schrieb, spielte James Stewart. Einer der in den 50er-Jahren bekanntesten amerikanischen Hollywood Stars!

Auch nach seinem Flugabenteuer blieb Lindbergh der Fliegerei treu und war selbst beim ersten kommerziellen Flug einer Pan Am Boeing 747 im Januar 1970 als Passagier mit an Bord.

Technische Daten
Ryan M-2 NYP » Spirit of St. Louis«

Länge: 8,56 m
Spannweite: 14,03 m
Flügelfläche: 29,64 qm
Höhe: 3,04 m
Motor: 1 x 9-Zylinder Wright »Whirlwind« J-5C
Leistung: 223 PS
Leergewicht: 974 kg
Maximales Startgewicht: 2.330 kg
Höchstgeschwindigkeit: 220 km/h

Die originale »Spirit of St. Louis« befindet sich heute in der Sammlung der Simthsonian Institution in der US-Hauptstadt Washington D.C. (Foto: © Stefan Köhler)

Lindbergh war nicht der erste Atlantikpionier – 69 Männer hatten es vor ihm gewagt und waren sicher angekommen – aber er flog als erster Mensch alleine über den Nordatlantik. (Foto: © Stefan Köhler)

Charles Lindbergh vor seiner »Spirit of St. Louis«, mit der er am 20. Mai 1927 auf dem Roosevelt Field bei New York zu seinem legendären Soloflug nach Paris abhob. (Foto: © Sammlung Dr. John Provan)

Da der Tank die Sicht nach vorne versperrte, konnte Lindbergh lediglich mit Hilfe eines Periskops, gleich einem U-Boot, direkt nach vorne schauen. (Foto: ©Sammlung Dr. John Provan)

Ein Nachbau des legendären Flugzeugs im Flug vor der Skyline von Chicago. (Foto: © Sammlung Dr. John Provan)

Nach TWA erteilte Pan American Aufträge für die ersten Versionen L-049 und L-149, deren Auslieferung jedoch vom Zweiten Weltkrieg verzögert wurde und erst ab 1945 stattfinden konnte. (Foto: © Lockheed Martin)

Für Strecken mit hohem Frachtaufkommen entwickelte Lockheed den »Speedpak« der nach seiner Beladung unter den Rumpf der Constellation geschnallt wurde. (Foto: © Lockheed Martin)

Die elegante Lockheed »Constellation« geht auf Howard Hughes zurück – den exzentrischen »Aviator« und ersten Multi-Milliardär der US-Geschichte. Er war auch Eigner der Fluglinie TWA. (Foto: © Lockheed Martin)

LOCKHEED L-049 »CONSTELLATION«
Die »Mona Lisa« des Himmels

Wenn sich die Weitsicht und das Kapital eines vorausschauenden Unternehmers mit dem Genie des wohl begabtesten Flugzeugkonstrukteurs aller Zeiten paaren, kann etwas ganz Großes entstehen. Die Zusammenarbeit von Howard Hughes, legendärer Wirtschaftstycoon, erster amerikanischer Multimilliardär und Inhaber der Transcontinental & Western Air (TWA) mit Clarence L. »Kelly« Johnson, Chefkonstrukteur der Lockheed-Flugzeugwerke war so eine Sternstunde der Luftfahrt. Robert E. Gross, Walter T. Varney und Lloyd Stearman hatten 1932 die traurigen Reste der bankrotten Lockheed Company aus deren Konkursmasse erworben und vor allem Dank des Talents des ein Jahr später hinzu gekommenen Kelly Johnson Erfolgsmuster wie die Lockheed Model 10 »Electra«, »Lodestar«, »Model 18« und P-38 »Lightning« entwickelt. Diese ersten Muster begründeten nicht nur die bis heute währende Tradition Lockheed-Flugzeugmuster nach Sternen oder Sternbildern zu benennen, sondern sie waren vor allem auch auf Schnelligkeit getrimmt. Auf der Woge dieses Anfangserfolgs schwimmend brachte Lockheed 1937 ein viermotoriges Passagierflugzeug ins Gespräch – die »Excalibur«. Pan American zeigte Interesse, Lockheed baute sogar ein Mock-up, doch wurde die Entwicklung schon bald wieder eingestellt. Howard Hughes, selbst von Rennflugzeugen begeistert, waren die Pläne Lockheeds für ein schnelles Verkehrsflugzeug nicht verborgen geblieben. Und so bat er den TWA-Präsidenten Jack Frye um geheime Kontaktaufnahme zu Bob Gross. Das erste konspirative Zusammentreffen von Gross, Hibbard, Johnson und Howard Hughes fand in dessen Anwesen in Los Angeles statt. Hughes verlangte ein Design, das Geschwindigkeit, Reichweite und Passagierkomfort vereint. Eine verbesserte »Excalibur« kam für ihn nicht in Frage – es musste eine völlige Neukonstruktion für seine TWA sein!

Diesem ersten Abtasten folgte das nächste Geheimtreffen im Beverly Hills Hotel in Los Angeles bei dem es bereits um konkrete Details wie die Wahl des richtigen Triebwerks ging. Meeting folgte auf Meeting und wieder war das Beverly Hills Hotel Schauplatz der ersten Präsentation von Lockheed's Designentwürfen, die wenig später einen Namen bekommen sollten: »Constellation«. Die ersten Studien zeigten bereits die charakteristischen Details der Serienmaschinen: Der delphinförmig geschwungene Rumpf, das dreifache Leitwerk, die maßstäblich vergrößerten Tragflächen der P-38 »Lightning« sowie eine Geschwindigkeit von 630 Kilometern pro Stunde. Schneller, als jedes andere Flugzeug seiner Zeit! Hughes drängte in den zahleichen Besprechungen immer wieder auf Geschwindigkeit. »Schneller, schneller und nochmals schneller« lautete seine Forderung an Lockheed. Unter den Mitgliedern des Hersteller-Teams war zunächst noch umstritten, ob eine zylindrische Rumpfform nicht Vorteile im Flugbetrieb bieten würde doch setzten sich Kelly Johnson und Bob Gross durch. Sie waren von der Schönheit des delphinförmigen Rumpfes so angetan, dass die hausinternen Kritiker schnell verstummten. Um die ambitionierten Pläne zu realisieren setzten die Lockheed-Konstrukteure beim Bau bedingungslos auf aerodynamische Perfektion. So ist der Luftwiderstand der »Constellation« ganze 13 Prozent niedriger als jener der konkurrierenden Douglas DC-4 »Skymaster«! Der in der Form eines lang gestreckten »S« geschwungene

Ganzmetallrumpf bildete eine strömungstechnisch optimale Einheit mit den Tragflächen, und die Wright Duplex Cyclone R-3350, 18-Zylinder Sternmotoren verfügten über eine Startleistung von 2.200 P.S..
Die Verhandlungen zogen sich hin, und bald war es an der Zeit einen formellen Vertrag zwischen TWA und Lockheed zu unterzeichnen. Howard Hughes, um die Geheimhaltung des Projektes fürchtend, verweigerte die Einweihung weiterer Personen. Schließlich kam TWA-Mitbegründer Tommy Tomlinson auf die zündende Idee, seine als Gerichtsreporterin arbeitende Ehefrau Marge mit dem Tippen der Verträge zu beauftragen. Ein Vorschlag, dem auch der eigenwillige Howard Hughes zustimmte. So entstand im Juli 1939 jener legendäre Vertrag zwischen der offiziell als Käuferin auftretenden Hughes Tool Company und Lockheed – die »Constellation« war geboren! Lockheed hatte sich bereit erklärt, die ersten 40 Exemplare des »Model 49« exklusiv für TWA zum Stückpreis von 425.000 US-Dollar zu bauen. Selbst Verkaufsgespräche mit weiteren Airlines war Lockheed erst nach Lieferung des 35. Exemplars an Hughes gestattet. Diese Zusatzvereinbarung sollte es TWA ermöglichen, rund zwei Jahre exklusiv Flugreisen mit dem schnellsten, komfortabelsten und am weitesten fliegenden Passagierflugzeug der damaligen Zeit anzubieten. Die Produktion der »Model 49 Constellation« startete 1940 mit den 40 Exemplaren für die Hughes Tool Company. Pan American World Airways (PAA) folgte mit einem Auftrag in identischer Höhe der sich auf 22 Maschinen des »Model 49« und 18 Flugzeuge des für Interkontinental-Routen geplanten »Model 149« aufteilte. Howard Hughes stimmte dieser Bestellung nur unter der Bedingung zu, dass PAA seine »Connies« lediglich für internationale Routen nutzt, die der zu jenem Zeitpunkt überwiegend im US-Inland aktiven TWA keine Konkurrenz bereiten würden. Doch weder TWA, noch PAA sollten zunächst ihre Maschinen erhalten. Am 7. Dezember 1941 attackierten japanische Einheiten die US-Marinestation Pearl Harbor auf Hawaii. Von dem Angriff völlig überrascht, erklärten die USA nur einen Tag später Japan den Krieg und wurden so aus ihrer einst neutralen Position in die Wirren des Zweiten Weltkriegs hineingezogen. Jegliche Produktion von Zivilflugzeugen musste umgehend zu Gunsten von Kriegsgerät gestoppt werden. So hob die »Constellation« am 9. Januar 1943 in der Militärausführung C-69 vom Lockheed Air Terminal im kalifornischen Burbank zu ihrem Jungfernflug ab. Im Juli des Jahres übergab Lockheed das Testflugzeug zwar offiziell an die United States Army Air Force (USAAF) – erhielt es jedoch umgehend für weitere Testflüge zurück. Weitere Monate vergingen, bis Howard Hughes und Jack Frye persönlich den zweiten Prototypen der C-69 in vollen TWA-Farben vom Lockheed Air Terminal in die US-Hauptstadt Washington D.C. überführten. Hughes und Frye legten die Strecke am 17. April 1944 in einer Rekordzeit von sechs Stunden und 58 Minuten nonstop zurück. Die durchschnittliche Fluggeschwindigkeit betrug 533,06 Kilometer pro Stunde. Damit brach Hughes seinen sieben Jahre zuvor selbst aufgestellten, transkontinentalen Geschwindigkeitsrekord knapp um 5,31 km/h. Wozu 1937 nur ein hoch gezüchtetes Rennflugzeug im Stande war konnte nun ein Transportflugzeug aus der Serienproduktion unterbieten. Einen überzeugenderen Beweis für den Fortschritt im Flugzeugbau und die Leistungsfähigkeit der »Connie« sowie ihrer Flugmotoren konnte es nicht geben.
Bis zum Frühjahr 1945 war die USAAF-Order auf 73 bestellte C-69

Nach dem Eintritt der USA in den Zweiten Weltkrieg 1941 stand zunächst die Produktion von Militärtransportern der Version C-69 auf dem Plan der Lockheed-Flugzeugwerke. (Foto: © Lockheed Martin)

Am 9. Januar 1943 hob der »Constellation«-Prototyp daher in der Militärausführung C-69 zu seinem Jungfernflug ab. Testpilot Edmund T. Allen absolvierte am ersten Tag gleich sechs Versuchsflüge. (Foto: © Lockheed Martin)

Bis zum Frühjahr 1945 hatte die U.S. Army Air Force 73 C-69 bestellt von denen 23 Stück an das Militär übergeben wurden. Die übrigen 50 wurden nach Kriegsende storniert. (Foto: © Lockheed Martin)

Die holländische KLM setzte ab November 1946 gleich drei Versionen der »Constellation« auf ihren Langstrecken der unmittelbaren Nachkriegszeit ein. (Foto: © Sammlung Wolfgang Borgmann)

Von 1992 bis zum Jahr 2000 war die »MATS Connie« auf Flugtagen in den USA und Europa zu Gast. Seit 2005 steht die Maschine in einem südkoreanischen Museum. (Foto: © Lockheed Martin)

American Overseas Airlines setzte ab Juni 1946 ihre erste L-049 auf Transatlantikrouten ein. Die Maschinen hier sind noch in der Fertigung und warten auf ihre Propeller. (Foto: © Lockheed Martin)

angewachsen von denen bis zum Waffenstillstand erst 23 Exemplare die Endmontage verlassen hatten. Die noch ausstehenden 50 Flugzeuge annullierte das US-Militär womit Lockheed nun vor der Wahl stand eine neue Zivilversion der C-69 zu entwickeln, die erst in ein paar Jahren verfügbar sein würde, oder die in verschiedenen Bau- und Planungsphasen stehenden C-69 aus der gestrichenen Militärbestellung in Zivilflugzeuge umzurüsten. Bob Gross entschied sich für letztere Alternative. Diese konvertierten C-69 erhielten am 11. Dezember 1945 ihre zivile US-Zulassung als Lockheed L-049. Ende 1945 begann die Auslieferung dieser Konvertiten an die beiden Erstkunden aus Vorkriegstagen: TWA und PAA. Weitere Maschinen gingen an American Overseas Airlines, Air France, BOAC und KLM. Von der L-049, über die L-649 und L-749 führte die Entwicklung schließlich zur L-749A als leistungsfähigstes Muster der ursprünglichen »Constellation«-Baureihe. Sie besaß noch stärkere Motoren, eine größere Reichweite, komfortablere Kabinen und höhere Startgewichte im Vergleich zu ihren Vorgängerinnen.

Technische Daten
Lockheed C-69 / L-049 »Constellation«

Länge: 28,59 m
Spannweite: 36,90 m
Höhe: 7,14 m
Motoren: 4 x Wright Duplex Cyclone GR-3350-35 *
Reisegeschwindigkeit: ca. 460 km/h
Reichweite: ca. 3.500 km (max. Zuladung)
* Antrieb der C-69. Ab 1946 Antrieb der L-049: R-3350-C18-BA-3

Lockheed L-749A »Constellation«

Länge: 28,59 m
Spannweite: 36,90 m
Höhe: 6,75 m
Motoren: 4 x Wright Cyclone R-3350-C18 BD-1
Reisegeschwindigkeit: ca. 470 km/h
Reichweite: ca. 4.200 km (max. Zuladung)

Im »Goldenen Zeitalter« des Luftverkehrs gehörten richtige Betten auf Nachtflügen zum luxuriösen Standard an Bord der »Constellation«. (Foto: © Lockheed Martin)

Blick ins Cockpit einer »Constellation«. Neben Kapitän, Kopilot und Flugingenieur mussten dort ein Navigator und ein Funker untergebracht werden. (Foto: © Lockheed Martin)

DIE SCHÖNSTEN

LOCKHEED L-1049 »SUPER CONSTELLATION«
Die »Königin des Nordatlantiks«

Am 13. Oktober 1950 ging mit der ersten L-1049 »Super Constellation« jenes Muster an den Start das sich rund um den Globus als Bestseller verkaufen sollte und die Antwort aus Burbank auf die DC-6B des kalifornischen Erzrivalen Douglas war. Nicht nur die »Super Connies« der 1953 neu gegründeten Lufthansa flogen sich in die Herzen ihrer Besatzungen und Passagiere. Lockheed hatte TWA als Kunden der ersten Stunde eingeladen, sich aktiv in die Entwicklung der L-1049 einzubringen. Beide Parteien hätten davon profitiert – Lockheed von der Alltagserfahrung einer Fluglinie, während TWA die einzigartige Chance bekommen hätte, eine für ihre Anforderungen maßgeschneiderte Langstreckenmaschine zu erhalten. Die Airline hatte jedoch die Rechnung ohne ihren eigenwilligen Hauptaktionär Howard Hughes gemacht. Als es darum ging, vom TWA-Management gewünschte Detaillösungen vertraglich mit Lockheed dingfest zu machen, tauchte Hughes für mehrere Monate spurlos unter und beantwortete weder schriftliche noch telefonische Kontaktversuche seiner Airline-Manager. So war es Eastern Air Lines, die am 24. April 1950 die ersten zehn Flugzeuge für ihre »Low-Cost«-Inlandsrouten an der U.S.-Ostküste bestellte. Die erste Maschine der zwischenzeitlich auf 14 »Super Constellation« angewachsenen Order erhielt Eastern am 26. November 1951. Erst vier Monate nach der Eastern-Bestellung meldete sich Howard Hughes bei seinem Team zurück und verlangte quasi über Nacht, einen Kaufvertrag mit Lockheed über zehn Maschinen für TWA auszuhandeln. Da das Flugzeugdesign nun final entwickelt, und Lockheed auch nicht gewillt war Sonderwünsche der TWA bezüglich Cockpitinstrumentierung und Kabinenausstattung zu akzeptieren, musste die in Kansas City beheimatete Fluglinie notgedrungen L-1049 nach Eastern Air Lines Standard ordern. Das bedeutete beispielsweise den Einbau des schwachen Air-Conditioning Systems der kleineren L-749A. Der einzige Unterschied zwischen den auf kurzen Shuttle-Flügen genutzten Eastern L-1049 und jenen für lange Strecken von fast zehn Flugstunden gedachten »Super Constellation« der TWA war die Farbe der Passagiersitze sowie jene der Teppiche und Seitenverkleidungen in der Kabine. So herrschte nach diesem Debakel nicht nur »dicke Luft« an Bord, sondern auch zwischen den TWA-Flotteneinkäufern und Howard Hughes. Das als Prototyp der L-1049 auserkorene Flugzeug war eine alte Bekannte, denn Lockheed hatte es sich einfach gemacht und den C-69 Prototyp des Jahres 1943 mit der Baunummer 1961 um 5,61 Meter zur ersten »Super Connie« gestreckt. Zuvor musste der Hersteller jedoch den im Jahr 1946 an Howard Hughes für 25.000 Dollar veräußerten Ur-Prototypen für 100.000 Dollar von dem exzentrischen Airline-Tycoon zurückkaufen. Um Zeit zu sparen, verblieben zu Beginn der Flugerprobung die zwischenzeitlich installierten Pratt & Whitney R-2800 Motoren an der Maschine. Erst nach 22 Flugstunden tauschte das Lockheed-Testteam die Triebwerke der Baunummer 1961 mit den leistungsfähigeren Serienmotoren des Typs Wright Cyclone R-3350 C18 CA1 aus. Mit 2.700 PS lag die Leistung dieser Doppelstern-Kolbenmotoren noch weit unter den Werten der maximal 3.400 P.S. starken R-3350 »Turbo-Compound«-Versionen späterer L-1049 und L-1649A Varianten. Deren drei »Power Recovery Turbinen« (PRT) je Motor sind zum Zweck der Kraftrückgewinnung über verschie-

Eleganz pur: Eine L-1049G der Trans World Airlines (TWA) über der Skyline von New York City in den 50er-Jahren. (Foto: © Lockheed Martin)

Die »Flightline« der Lockheed-Flugzeugwerke im kalifornischen Burbank zu Zeiten der »Super Constellation«. (Foto: © Lockheed Martin)

Die Lockheed L-1049G »Super Constellation« war das erste Langstreckenmuster der 1953 gegründeten und 1955 an den Start gegangenen Nachkriegs-Lufthansa. (Foto: © Lufthansa)

Eine L-1049G der holländischen KLM, die zu weit entfernten Destinationen auf anderen Kontinenten flog. Gut zu erkennen die Tip-Tanks an den Flügeln (Foto: © Lockheed Martin)

Der Flughafen Stuttgart war in den 50er-Jahren kein reguläres Ziel für Lockheed L-1049G der Lufthansa. Dennoch waren gelegentlich Maschinen durch Wetter bedingte Umleitungen oder auf Charterflügen zu Gast. (Foto: © Flughafen Stuttgart)

dene Untersetzungsgetriebe mit der Kurbelwelle des Motors gekoppelt und werden vom heißen und sehr schnellen Abgasstrahl angetrieben. Sie tragen somit direkt zur Leistungssteigerung des Aggregats bei. Da das US-Militär zunächst die neue »Turbo-Compound«-Technologie für sich beanspruchte, stand sie erst ab 1953 für die zivile »Super Constellation« zur Verfügung. So kamen die 3.250 P.S. leistenden Wright Cyclone R-3350-972-TC18DA-1 »Turbo-Compound«-Motoren erstmals bei einer L-1049C der holländischen Fluglinie KLM zum Einsatz. Zum Zeitpunkt ihres Erstfluges am 17. Februar 1953 hatte Lockheed bereits Bestellungen über 70 »Constellation« dieser Variante erhalten. Ihr folgte die bei den Fluglinien unbeliebte Kombiversion L-1049D, von der lediglich vier Exemplare bei Seaboard & Western Airlines (S&W) ab 1954 in Dienst gingen. Zu Passagierflugzeugen umgerüstet, flogen zwei von S&W angemietete L-1049D unter anderem zeitweilig auf dem Streckennetz der britischen BOAC von London nach Bermuda und New York. Das mit Abstand erfolgreichste Modell der »Super Constellation«-Baureihe war jedoch die L-1049G – von Lufthansa damals »Super G Constellation« genannt. Ihre Entwicklung wurde erneut durch den harten Wettbewerb mit Douglas forciert, deren DC-7 schneller als das bis dahin beste »Super Constellation«-Modell flog. Da Geschwindigkeit damals ein entscheidendes Verkaufsargument der Fluggesellschaften war, brüsteten sich vor allem die Douglas DC-7 Kunden American Airlines und United Air Lines mit diesem Wettbewerbsvorteil gegenüber den L-1049 Flotten der Konkurrenz – allen voran Trans World Airlines. So eröffnete American am 29. November 1953 den DC-7 »Mercury Service« zwischen New York und Los Angeles in direktem Wettbewerb zum langsameren TWA L-1049 »Ambassador Service«. Selbst das von TWA 1953 als Antwort auf die DC-7 bestellte Lockheed Model 1049E konnte mit der Reisegeschwindigkeit der schnellen Douglas-Konkurrentin nicht mithalten. Lockheed war sich dieser prekären Situation wohl bewusst und entwickelte schließlich mit der L-1049G eine der DC-7 ebenbürtige Version, mit nochmals gesteigerter Treibstoffkapazität, größerer Reichweite und höherer Geschwindigkeit. TWA wandelte ihre Bestellung über 20 L-1049E in das verbesserte »G«-Modell um, und wurde somit zur Erstkundin dieser Erfolgsvariante. Mit ihren markanten »Tiptanks« an den Tragflächenspitzen, die Lockheed von der R7V-1 Militärversion der U.S. Navy übernommen hatte, trug ihre elegante Erscheinung viel zu dem Mythos Lockheed »Super Constellation« bei. Den

Die an der US-Ostküste beheimatete Eastern Air Lines war Erstkundin der L-1049, da sich der TWA-Eigner Howard Hughes zunächst nicht zum Kauf dieses Musters durchringen konnte. (Foto: © Lockheed Martin)

zweifelhaften Ruf als »schönste Dreimotorige der Welt« verdankt die »Super G« hingegen der Störanfälligkeit ihrer vier Curtiss Wright R-3350 Motoren. Die L-1049G wurde am 14. Januar 1955 für den Flugbetrieb zugelassen und die 104 gebauten Exemplare dieses meist verkauften »Super Constellation«-Musters zählten nicht nur bei TWA und der Deutschen Lufthansa für viele Jahre zu den Flaggschiffen der Flotte.
Im Juni 1955 verkündete Lockheed die Entwicklung einer weiteren – L-1049H genannten Variante. Diese Kombiversion konnte sowohl als Frachter, als auch im Passagierdienst zum Einsatz kommen. Flying Tiger Line war Erstkundin dieser letzten Zivilversion der L-1049, die mit nochmals verbesserten R-3350-972-TC18EA-3 »Turbo-Compound«-Motoren, mit einer Startleistung von je 3.400 PS, ausgerüstet war. Damit hatte diese Triebwerks-Technologie des Propeller-Zeitalters ihren Höhepunkt erreicht. Zuverlässigere Jet-Motoren ermöglichten ab Ende der 1950er-Jahre die Ablösung der »Super Connies« von den Hauptstrecken des Luftverkehrs, deren Zenit somit nur wenige Jahre währte.

Diese L-1049G der amerikanischen National Airways ist schon mit einem langen Bug ausgerüstet, in dem sich das damals neu entwickelte Wetterradar befand. (Foto: © Lockheed Martin)

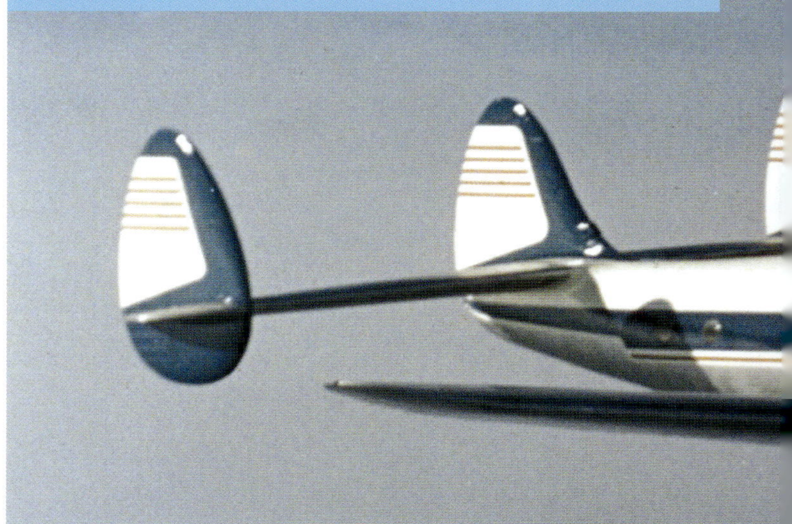

Technische Daten
Lockheed L-1049 »Super Constellation«

Länge: 34,6 m
Spannweite: 37,5 m
Höhe: 7,5 m
Motoren: 4 x Curtiss Wright Turbo-Compound 972 TC 18 DA-3
Reisegeschwindigkeit: ca. 530 km/h
Reichweite: 8.913 km (0 Wind; 0 Nutzlast)

Im Vergleich zu heute waren Flugreisen in den 50er-Jahren sehr teuer. Man reiste aber auch mit ungleich mehr Stil als dies heute der Fall ist. (Foto: © Lockheed Martin)

Eine WV-2 »Warning Star« der U.S. Navy auf Patrouille. Die Seeaufklärer verfügten über leistungsstarke Radargeräte oberhalb und unterhalb des Rumpfes. (Foto: © Lockheed Martin)

Um Kosten zu sparen, hatte Lockheed den Prototypen der C-69, mit der Baunummer 1961, kostensparend um 5,61 Meter zum L-1049-Prototypen gestreckt. (Foto: © Lockheed Martin)

Auch Lufthansa orderte vier Exemplare der Lockheed L-1649A die von ihr »Super Star« genannt wurde. (Foto: © Lufthansa)

Im Gegensatz zu den anderen Versionen der »Constellation«-Baureihe verfügte die »Starliner« über komplett neu entwickelte Tragflächen großer Spannweite. (Foto: © Lufthansa)

Eine gewissenhafte Wartung war in den 50er-Jahren so wichtig wie heute. Sorgenkinder waren damals vor allem die störanfälligen Kolbentriebwerke. (Foto: © Lufthansa)

DIE SCHÖNSTEN

LOCKHEED L-1649A »STARLINER«
Die ultimative »Queen«

Kurz vor Beginn des Jetzeitalters auf der Langstrecke brachte Lockheed mit der L-1649A »Starliner« im Jahr 1957 die leistungsfähigste aller »Constellation«-Versionen auf den Markt. Angesichts des bevorstehenden »Jet Age« waren jedoch nur drei Airlines bereit Aufträge für fabrikneue »Starliner« zu erteilten. Als die ersten fabrikneuen Lockheed »Starliner« 1957 in Dienst gingen, stand der Beginn des Jet-Zeitalters auf den Nordatlantik-Routen unmittelbar bevor. So läutete die L-1649A das große Finale der Verkehrsflugzeuge mit Kolbenmotor-Antrieb zwischen Europa und Nordamerika ein. Frühere Versionen der »Constellation«-Baureihe galten bereits als Wegbereiterinnen des globalen Luftverkehrs. Aber es gebührte den 44 produzierten L-1649A die Ehre, sprichwörtlich neue Horizonte zu eröffnen. Als erstes Verkehrsflugzeug war die »Starliner« in der Lage die Distanz zwischen »Alter« und »Neuer« Welt nonstop, ohne die bei älteren Modellen erforderlichen Tankstopps zu überbrücken. Damit reduzierten sich die Flugzeiten für das Reisepublikum um mehrere Stunden! Aber selbst dieser beachtliche Fortschritt verblasste mit dem 1958 auf dem Nordatlantik anbrechenden »Jet Age«. Die fast doppelt so schnellen, vibrationsfrei und über dem Wetter fliegenden Düsenmaschinen verdrängten binnen weniger Jahre die großartigen Transatlantik-Propliner von den Hauptstrecken und beendeten diese faszinierende Ära des Luftverkehrs für alle Zeiten. Die Lockheed L-1649A war von Anbeginn ein ungeliebtes Kind. Die Flottenplaner des Erstkunden TWA lehnten sie als unwirtschaftlich ab, da Boeing und Douglas bereits an den Prototypen ihrer vierstrahligen 707 und DC-8 Jets arbeiteten. Selbst Lockheed versuchte die Produktion in letzter Sekunde über die Stornierung des Kaufvertrags mit TWA zu verhindern, da man keine Absatzchancen sah – nur Luftfahrt-Tycoon Howard Hughes, zu jenem Zeitpunkt Inhaber der TWA, hielt beharrlich und gegen den Rat seiner engsten Vertrauten an seiner Bestellung der finalen Version der legendären »Constellation«-Baureihe fest. Die Entwicklung der L-1649A mit Curtiss Wright-Kolbenmotoren begann zunächst als Turboprop mit der Typenbezeichnung L-1449. Sie sollte TWA im Konkurrenzkampf mit den Douglas DC-7C anderer Airlines wieder wettbewerbsfähig machen. Die 1954 angekündigte Douglas »Seven Seas« hängte die Lockheed L-1049G der TWA nicht nur in punkto Reisegeschwindigkeit ab. Ihre große Reichweite erübrigte zudem die Tankstopps auf der Route zwischen den USA und Europa sowie auf den Verbindungen zwischen der amerikanischen Ost- und Westküste. Wettbewerbsnachteile fürchtend, erwog das TWA-Management zunächst selbst DC-7C zu bestellen, als Gerüchte die Runde machten, dass Lockheed an einem »langen dünnen Flügel« für eine Turboprop-Version der »Constellation« arbeiten würde. Er sollte nicht nur höhere Reisegeschwindigkeiten sondern auch eine vergleichbare Reichweite zur DC-7C ermöglichen – das Projekt L-1449 war geboren. Im Herbst 1954 beschloss Howard Hughes 25 Exemplare dieser mit vier Pratt & Whitney T-34 Turboprops projektierten Maschinen über seine Hughes Tool Company für TWA zu erwerben. Dies wurde in einem am Heiligabend des Jahres 1954 unterzeichneten Kaufvertrag festgeschrieben. Nach einem genauen Blick auf die von Lockheed kalkulierten Betriebskosten des von Hughes bestellten Turboprops zeigten sich die TWA-Manager schockiert. Nach ihrer Meinung würde TWA mit der L-1449 keinen einzigen Dollar Gewinn machen. Doch alles Insistieren bei Howard Hughes half nichts. Er wollte die L-1449 unter allen Umständen – und selbst gegen die Ratschläge und besseren Argumente seines TWA-Teams kaufen. Die Tinte des Kaufvertrags war noch nicht ganz getrocknet, als sich Lockheed-Chefdesigner Kelly Johnson am 7. Januar 1955 mit einer Hiobsbotschaft bei TWA meldete: Flugtests der Versuchsmaschine R7V-2 hätten ergeben, dass die Triebwerk-Propellerkombination des T-34 Antriebs nicht funktioniert. Und noch schlimmer: es gab keine wirtschaftlich vertretbare Lösung der Probleme. Nur wenige Wochen nach diesen ersten alarmierenden Nachrichten beendete Pratt & Whitney offiziell die Entwicklung des T-34 Triebwerks – und das L-1449 Projekt stand plötzlich ohne Antrieb da. Lockheed versuchte über das Modell L-1549 zu retten was eigentlich nicht mehr zu retten war. Keine, der damals verfügbaren Turboprop-Alternativen galt als ein wirklich passender Ersatz. Die Motoren waren entweder zu groß dimensioniert, zu spät verfügbar oder noch nicht serienreif entwickelt. Parallele Studien von TWA und Lockheed zeigten, dass der einzige Weg ein Ersatz der Turboprops durch konventionelle Curtiss Wright 3350 EA-2 »Turbo Compound« Kolbenmotoren, in Kombination mit langsam drehenden Propellern großen Durchmessers ist. Lockheed nannte dieses Modell nun L-1649A und bereitete eine dementsprechende Änderung des im Dezember 1954 mit TWA unterzeichneten Kaufvertrages vor.

In diese angespannte Lage platzte die nicht mit dem TWA-Management abgesprochene Nachricht von Howard Hughes, dass er eine Nachrüstung der TWA L-1049G-Flotte mit zusätzlichen Westinghouse J-34 Jetmotoren verlangt, um deren Reisegeschwindigkeit zu steigern. Nur mit Mühe konnten ihn schnell angefertigte Analysen von TWA und Lockheed davon abbringen, die unisono keinen wirtschaftlichen Nutzen erkennen ließen. Nachdem die Jet-Nachrüstung der »Super Constellation« wieder vom Tisch war, wandelte TWA per Vertragsergänzung vom 29. März 1955 die Bestellung von 25 L-1449 in die identische Anzahl L-1649A um. Die »Starliner« war damit offiziell aus der Taufe gehoben, doch rückte die nun erforderliche Änderung der Baupläne auch die Liefertime der für TWA bestimmten Maschinen in die Jahre 1957 und 1958 – und damit immer näher an das bevorstehende Jetzeitalter auf der Langstrecke. So war das TWA-Management zwar überrascht, doch andererseits auch froh, als Lockheed in einem Schreiben vom 6. April 1955 das L-1649A Projekt offiziell für beendet erklärte. Offensichtlich hatte sich die Einsicht bei Lockheed durchgesetzt, dass der »Starliner« gegen die schnelleren Jets chancenlos ist. Auch das TWA-Management hoffte nun, von der Last des ungeliebten Propellerflugzeugs befreit, mit den bevorzugten Boeing 707 in eine Jet-Zukunft starten zu können. Doch beide Parteien hatten die Rechnung ohne Howard Hughes gemacht. Der unberechenbare TWA-Eigner bestand zur Frustration seiner eigenen Mannschaft und des Herstellers auf Vertragserfüllung – und Lockheed war gezwungen die L-1649A in Serie gehen zu lassen. Im Frühjahr 1955 erteilte TWA eine

TWA war Erstkundin der ultimativen Königin der Lüfte im Ende der 50er-Jahre auslaufenden Propeller-Zeitalter auf der Langstrecke. (Foto: © Lockheed Martin)

Neben TWA und Lufthansa war die französische Air France die einzige Kundin fabrikneuer Lockheed L-1649A »Starliner«. (Foto: © Lockheed Martin)

Formationsflug einer L-1649A der TWA im Vordergrund mit einem WV-2-Seeaufklärer der U.S. Navy. (Foto: © Lockheed Martin)

Lufthansa setzte vier L-1649A vor allem zwischen Deutschland und New York ein. Zwei davon sind in Luftfahrtmuseen erhalten geblieben. (Foto: © Lufthansa)

Lediglich 44 dieser eleganten Maschinen wurden 1956 und 1957 gebaut, da das Jet-Zeitalter unmittelbar bevorstand. (Foto: © Lockheed Martin)

Die L-1649A war eigentlich als schnelles Turboprop-Flugzeug konzipiert. Mangels geeigneter Antriebe musste man jedoch auf Kolbenmotoren zurückgreifen. (Foto: © Lockheed Martin)

Ein beeindruckender Größenvergleich zwischen der L-1649A (unten) mit ihren langen Tragflächen im Vergleich zu einer L-1049. (Foto: © Lockheed Martin)

Bestellung über 25 L-1649A-98, wobei die Zahl »98« für die Motorenvariante steht, und gab somit das offizielle Startsignal für die Entwicklung der »Starliner«. Die schlimmsten Befürchtungen der Lockheed-Manager sollten sich schon bald erfüllen. Neben den 25 Maschinen, die Lockheed für TWA baute, fanden sich mit Air France und Lufthansa lediglich zwei andere Kunden für fabrikneue L-1649A. Die Flugversuchsreihe begann am 10. Oktober 1956 mit dem Erstflug des Prototyps vom Lockheed Air Terminal in Burbank. Seine Musterzulassung erhielt der »Sternenkreuzer« am 19. März 1957. Nur sechs Wochen später lieferte Lockheed die erste Maschine an TWA, die sie am 1. Juni 1957 zum Jungfernflug auf die Route New York – Paris schickte. TWA war es auch, die den längsten Linienflug ohne Tankstopp mit einer »Starliner« im Programm hatte. Auf dieser Route von der britischen Hauptstadt London, ins kalifornische San Francisco stellte eine L-1649A der TWA am 1. Oktober 1957 mit 23 Stunden und 19 Minuten einen neuen Geschwindigkeitsrekord auf.

Dass bei diesen extremen Langstreckenflügen nicht nur der Mensch, sondern auch das Material an seine Grenzen geriet, belegt der Einsatz einer Fairchild C-82A »Packet«, die TWA ab 1957 exklusiv als Triebwerkstransporter einsetzte. Ihre einzige Aufgabe bestand darin, defekte »Connie«-Triebwerke zur Reparatur und Ersatztriebwerke für liegengebliebene L-1649A und L-1049G auf dem Streckennetz der TWA rund um den Globus zu verteilen. Die »Packet« war selbst noch für die ersten Versionen des Boeing 707 Jetliners, dessen Triebwerke ebenfalls nicht sehr zuverlässig waren, bis 1972 im Dauereinsatz!

In Ergänzung zu der ursprünglichen Order von 25 L-1649A übernahm TWA zusätzlich vier Lieferpositionen der italienischen Linee Aeree Italiane, die sie nach der Fusion mit dem Douglas-Kunden Alitalia an Lockheed zurückgegeben hatte. Nachdem die brasilianische Varig eine Kaufabsichtserklärung über zwei L-1649A in feste Aufträge für drei L-1049G wandelte, erteilten lediglich Air France mit zehn – und Lufthansa mit vier Bestellungen weitere Order für die »Starliner«. Insgesamt verließen nur 44 Exemplare die Endmontagelinie in Burbank, Kalifornien. Keiner der drei Kunden für fabrikneue L-1649A schickte seine Maschinen unter dem von Lockheed vorgegebenen Namen »Starliner« an den Start. So bezeichnete Air France ihre Maschinen als »Super Starliner«, Lufthansa nannte ihr neues Flaggschiff »Super Star« und Trans World Airlines vermarktete seine Flugzeuge als »Jestream« beziehungsweise »Radar Jetstream« wenn sie mit dem damals neuartigen Bord-Wetterradargerät ausgerüstet waren.

Technische Daten Lockheed L-1649A »Starliner«

Länge: 35,42 m
Spannweite: 45,72 m
Höhe: 7,16 m
Motoren: 4 x Curtiss Wright Turbo-Compound 988 TC 18 EA-2
Reisegeschwindigkeit: ca. 550 km/h
Reichweite: 11.300 km (0 Wind; 0 Nutzlast)

BESTSELLER

CESSNA 172 »SKYHAWK«
Das meistgebaute Flugzeug aller Zeiten

Mit über 44.000 Exemplaren war die Cessna 172 »Skyhawk« im Sommer 2019 das meistgebaute Flugzeug aller Zeiten. Sei steht in einer Linie diverser Cessna-Modelle, die sich seit der C-140 des Jahres 1946 optisch für den Laien nur unwesentlich voneinander unterscheiden und meist als abgestrebte Hochdecker ausgelegt sind. Aus diesem Grund hat sich der Name »Cessna« in der Öffentlichkeit sinnbildlich für Maschinen der Kategorie Leichtflugzeuge – gleich welchen Herstellers – eingeprägt. Die zuverlässigen und sicheren »Skyhawk« kommen rund um den Globus als Schulmaschinen bei der Ausbildung neuer Piloten zum Einsatz, erfüllen Privatpiloten den im Vergleich zu anderen Mustern relativ kostengünstigen Traum eines eigenen Flugzeugs und begeistern tagtäglich als Rundflugmaschinen tausende Menschen auf deren ersten Flugabenteuern für die Fliegerei. Und was würden die Buschpiloten im Norden Kanadas und Alaskas ohne ihre unzähligen C-172 auf Schwimmern machen die alles Lebensnotwendige in abgelegene Regionen fliegen?

Clyde V. Cessna begann bereits im Jahr 1911 mit dem Bau seines ersten Fluggerätes. Nachdem er eine Flugveranstaltung in seinem Heimat-Bundesstaat Oklahoma besucht hatte erwarb der ursprünglich als Landmaschinen-Mechaniker und Autoverkäufer tätige Cessna den Rumpf eines Blériot-Eindeckers und baute ihn anhand seiner beim Flugtag gemachten Skizzen in einer angemieteten Garage um. Beim dreizehnten Startversuch hob die erste Cessna C-1 am 9. Juni 1911 im Dorf namens Jet zu ihrem Jungfernflug ab. Damals konnte jedoch noch niemand erahnen welche Bedeutung dieser symbolträchtige Name des Städtchens eines Tages für die Luftfahrt haben sollte. So war die C-1 denn auch mit einem damals üblichen, vierzylindrigen Kolbenmotor mit einer Leistung von mageren 60 P.S. ausgerüstet. Die folgenden Entwürfe Cessnas waren wie die meisten Modelle ihrer Zeit »windige Drahtgestelle«, mit denen der Firmengründer und Pilot an Flugtagen teilnahm und jeweils nur ein Exemplar zu Versuchszwecken baute. Das erste viersitzige Reiseflugzeug produzierte Cessna mit der A-1 die im April 1927 erstmals abhob. Wie ihre berühmten Nachfolgerinnen war die noch mit Stoff bespannte Maschine bereits ein Hochdecker der bereits das Cessna-Grunddesign der darauf folgenden Jahrzehnte erahnen ließ. Dies kristallisierte sich noch deutlicher bei den weiteren Entwürfen der 20er- bis 40er-Jahre heraus bis mit jener C-140 im Jahr 1946 ein Flugzeugmuster erstmals an den Start ging das auf Grund seines typischen »Cessna-Designs« als Grundmodell aller nachfolgenden Leichtflugzeuge des Herstellers gilt. Die erste C-172 »Skyhawk« hob am 12. Juni 1955 zu ihrem Erstflug ab und war von Anbeginn ein großer kommerzieller Erfolg, der lediglich durch das Aussetzen der Produktion zwischen 1986 und 1997 als Konsequenz aus dem verschärften amerikanischen Produkthaftungsrecht unterbrochen wurde. Da dieses Gesetz es erlaubte Cessna, wie alle anderen US-Hersteller von Leichtflugzeugen auch, für Unfälle sämtlicher jemals von ihnen gebauter Maschinen haftbar zu machen stiegen die gegen dieses Risiko absichernden Versicherungsprämien ins Unermessliche – wenn die Flugzeughersteller überhaupt ein Angebot der Versicherungsgesellschaften bekamen. Laut offiziellen US-Statistiken waren die Produkthaftungskosten für Hersteller von Leichtflugzeugen allein zwischen 1962 und 1988 um

Die Cessna-Flugzeugfamilie steht in der breiten Öffentlichkeit oft stellvertretend für die gesamte Gattung der Leichtflugzeuge. (Foto: © Cessna)

Cessna 172 II kommen auch bei Airlines zum Einsatz. Wie bei der japanischen Toho Air Service, deren Maschine hier in Tokio fotografiert wurde. (Foto: © Josephus37, CC BY-SA 4.0)

Cessna 172 »Skyhawk« sind auch in Deutschland an so gut wie jedem Flugplatz anzutreffen. (Foto: © Joschi71, CC BY-SA 4.0)

Die Cessna 172 wurde zwar seit ihrem Jungfernflug im Jahr 1955 immer wieder modernisiert, doch blieb ihr Grunddesign über fast 65 Jahre erhalten. (Foto: © Cessna)

Seit Jahrzehnten ein nahezu unveränderter Klassiker: Cessna 172 Skyhawk (D-EYFH) bei den Bautzener Flugtagen 2018.
(Foto: © Fiver, der Hellseher, CC BY-SA 4.0)

Mit über 44.000 gebauten Maschinen ist die Cessna 172 der meistgebaute Flugzeugtyp aller Zeiten! (Foto: © Cessna)

Das Instrumentenbrett der aktuell produzierten »Skyhawk«-Version wurde mit modernen Bildschirmanzeigen dem heutigen Standard angepasst. (Foto: © Cessna)

sagenhafte 2.000 Prozent angestiegen! Daraus zog Cessna die Konsequenz und stellte die nun unrentabel gewordene Produktion seiner C-172 im Jahr 1986 komplett ein. Erst der 1994 von US-Präsident Bill Clinton unterzeichnete »General Aviation Revitalization Act« (GARA) zur Wiederbelebung der Allgemeinen Luftfahrt in den USA ließ die Versicherungsprämien erneut sinken und führte zu einer Wiederaufnahme der C-172 Fertigung. Der Grund für den neuen Optimismus war die im GARA festgeschriebene Begrenzung der Produkthaftung für Hersteller kleiner Maschinen mit weniger als 20 Sitzplätzen auf die zurückliegenden 18 Jahre.

Cessna 172 wurden in zahlreichen Versionen im Stammwerk Wichita im US-Bundesstaat Kansas sowie von ihrem französischen Joint-Venture Reims-Cessna hergestellt. Die europäische Ausführung wurde als FR 172 »Reims-Rocket« vermarktet während die Ausführung mit Einziehfahrwerk als 172RG »Cutlass / Turbo Cutlass« angeboten wurde. Aktuell stellt die Cessna Aircraft Company als Teil des Textron Mischkonzerns die grundlegend modernisierte »Skyhawk« in Wichita her deren Produktion im Jahr 1998 wieder aufgenommen wurde. Unter anderem ist sie serienmäßig mit modernisierter Avionik inklusive eines Glas-Cockpits ausgerüstet. Speziell von europäischen Verbänden der Allgemeinen Luftfahrt wird jedoch kritisiert, dass sie keine verbesserten Emissionswerte in Bezug auf Treibstoffverbrauch und Lärm vorweist. So ist die 2019 fabrikneu erhältliche »Skyhawk« mit einem luftgekühlten 4-Takt Lycoming-Boxermotor ausgestattet dessen Ur-Version 1955 erstmals vorgestellt wurde und somit so alt ist wie die C-172 selbst. Auch die Zweiblatt-Standardpropeller tragen dazu bei, dass die relativ hohe Lärmbelastung älterer Modelle auch bei der neuesten C-172-Generation nicht gesunken ist. Zwei Faktoren die leider mit dazu beitragen, dass die Akzeptanz in der Bevölkerung gegenüber der Privatfliegerei eher weiter abnimmt.

Technische Daten Cessna 172 »Skyhawk«

Länge: 8,28 m
Spannweite: 11,00 m
Flügelfläche: 16,17 qm
Höhe: 2,72 m
Antrieb: 1 x Lycoming IO-360-L2A
Leistung: 1 x 180 P.S.
Leergewicht: 762 kg
Max. Startgewicht: 1.157 kg
Max. Nutzlast: 395 kg
Reisegeschwindigkeit: 230 km/h
Dienstgipfelhöhe: 4.267 m
Reichweite: 1.185 km
(aktuelle Serienausführung)

DOUGLAS DC-3
Das meistgebaute Transportflugzeug

Am 17. Dezember 1935 startete die erste Douglas DC-3 im amerikanischen Santa Monica zu ihrem Erstflug. Den Anstoß zur Entwicklung moderner Verkehrsflugzeuge durch die Douglas Aircraft Company gab ein Konkurrenzprodukt aus Seattle. Diese zweimotorige Boeing 247, von der auch die »alte« Deutsche Lufthansa AG im Jahr 1933 drei Exemplare bestellt hatte zählte zu den fortschrittlichsten und schnellsten Verkehrsflugzeugen ihrer Zeit. Im Jahr 1932 erteilte United Air Lines einen Auftrag über 60 Maschinen des Musters Boeing 247D mit Platz für zehn Fluggäste. Die »D«-Version verfügte gegenüber dem Basismodell über diverse konstruktive Verbesserungen, wie Verstellpropeller, luftwiderstandsarme Motorverkleidungen und nach hinten weisende Cockpitfenster. Ein weiteres Novum: als erstes zweimotoriges Verkehrsflugzeug in Tiefdecker-Bauweise konnte die B 247 mit nur einem arbeitenden Motor bei voller Nutzlast die Flughöhe halten.

Transcontinental & Western Air (TWA), der Boeing erst eine Lieferung ab der fünfzigsten gebauten B 247 zusichern konnte, erteilte alternativ Douglas den Auftrag zum Bau eines Flugzeugmusters mit noch größerer Passagierkabine und besseren Flugleistungen als jene der B 247D. Das Ergebnis war die Douglas DC-1 – Urahnin der legendären DC-2 und DC-3 Flugzeugfamilie. Nachdem der Prototyp am 1. Juli 1933 zu seinem Erstflug gestartet war erhielt die DC-1 nur vier Monate später ihre Musterzulassung. Mit ihren zwei 710 P.S. leistenden Wright »Cyclone«-Sternmotoren konnte sie zwölf Passagiere befördern – und damit zwei Fluggäste mehr als die konkurrierende Boeing 247. Auch war die DC-1 schneller und verfügte über eine größere Reichweite als ihre Erzrivalin. Erstkundin TWA stellte am 19. Februar 1934 mit einer DC-1 einen Geschwindigkeitsrekord zwischen Ost- und Westküste der USA auf und orderte auch die größere DC-2 mit 720 P.S. starken Triebwerken sowie einem längeren und breiteren Rumpf. Die 156 gebauten DC-2 flogen bei Airlines in den USA, Asien und Europa. So in den Farben der polnischen LOT, der spanischen Iberia, der Lufthansa und vor allem der holländischen KLM, die ihre Douglas-Propliner im Liniendienst zwischen Holland und ihrer damaligen Kolonie im heutigen Indonesien einsetzte.

Der nächste Evolutionsschritt der »DC«-Familie ging auf eine Forderung des American Airlines Präsidenten C.R. Smith zurück. Er plante eine Maschine mit 14 Doppelstock-Betten auf nächtlichen Transkontinental-Routen quer durch die USA einzusetzen. Der Rumpf der DC-2 wurde dafür nochmals verbreitert, die Kabinendecke angehoben, die Spannweite vergrößert und ein neues Heck konstruiert. Die zunächst »Douglas Sleeper Transport« (DST) genannte DC-3 war geboren. Am 17. Dezember 1935 startete der Prototyp jenes Musters zu seinem Erstflug das mit 455 verkauften Zivilmaschinen und fast 20.000 gefertigten Militärvarianten zu den meistgebauten der Welt zählt.

Nach Abschluss der Flugerprobung lieferte Douglas am 7. Juni 1936 den ersten »DST« an American Airlines. Zwei Monate später folgte die für den Transport von 21 Passagieren auf Tagesflügen konzipierte DC-3. United Air Lines, bis 1934 ein Tochterunternehmen von Boeing, nutzte ihre neue, Hersteller unabhängige Freiheit und wurde im November 1936 zweite DC-3

Nur wenig erinnert an das originale Cockpit einer DC-3, nachdem es auf den modernen Standard einer Basler BT-67 umgerüstet wurde
(Foto: © Maike Thomsen, Alfred-Wegener-Institut)

Das deutsche Alfred-Wegener Institut für Polarforschung betreibt zwei Basler BT-67 die vor allem in der Antarktis zum Einsatz gelangen.
(Foto: © Johannes Käßbohrer, Alfred-Wegener Institut)

Die DC-3 wurde in 6.157 Exemplaren als Lissunow Li-2 in der UdSSR produziert. Eine von ungarischen Enthusiasten betriebene Maschine ist regelmäßig auf europäischen Flugtagen zu Gast.
(Foto: © Sammlung Wolfgang Borgmann)

Nach nur einer sechswöchigen Restaurierung startete die kanadische DC-3C mit dem Kennzeichen C-FDTD am 6. Juni 2019 zu ihrem ersten Flug seit 28 Jahren!
(Foto: © Benoit de Mulder, CC BY-SA 4.0)

Klassiker-Treffen: Eine Douglas DC-3 in den historischen Farben der Swissair sowie eine Beech 18 auf der Flying Legends Airshow 2017 im britischen Duxford.
(Foto: © Airwolfhound, CC BY-SA 2.0)

Die schwedische ABA setzte während des Zweiten Weltkriegs Douglas DC-3 auf ihren In- und Auslandsrouten ein. Als neutraler Staat blieb Schweden weitestgehend von den Kampfhandlungen in Europa verschont. (Foto: © Sammlung Wolfgang Borgmann)

Die DC-3 »Fridtjof Viking« wird vom Stockholmer Club der »Fliegenden Veteranen« in den Farben der skandinavischen Fluglinie SAS betrieben. (Foto: © Sammlung Wolfgang Borgmann)

Kundin. TWA, Braniff, PAA und KLM folgten mit weiteren Bestellungen. 1939 reisten bereits über 90 Prozent aller inneramerikanischen Passagiere an Bord einer DC-3. Der Ausbruch des Zweiten Weltkriegs im September 1939 – und spätestens der Kriegseintritt der USA im Jahr 1941 – führten zu einem wahren Auftragsboom für die zunächst C-47 bezeichnete Militärvariante. Ab 1942 lieferte Douglas von ihrem neuen Werk in Long Beach 965 C-47 und 2.954 C-47A an die U.S. Army Air Force (USAAF). Weitere 2.300 C-47A und 3.064 C-47B wurden in Oklahoma City produziert. Die C-47 unterschied sich im Wesentlichen von ihrem zivilen Pendant durch eine große Frachttür samt struktureller Verstärkungen sowie einer flexibel für Truppen- und Frachttransporte nutzbaren Kabine ohne Lärmisolierung. Es gab unzählige Versionen der militärisch genutzten DC-3. Darunter allein acht Typenbezeichnungen für jene Flugzeuge, die vor ihrem Kriegsdienst für Fluggesellschaften flogen. So beispielsweise die C-48, C-49 oder C-68. Neben motorisierten Varianten auf Rädern, Schwimmern und Skiern, entwickelte Douglas auch eine unmotorisierte Ausführung als Lastensegler. Die Douglas XCG-17 sollte im Schlepp einer C-47 gezogen werden, wurde jedoch nie in Serie gebaut.

Neben der USAAF, die ihre Maschinen als »Skytrain« bezeichnete, und den »Skytrooper« der U.S. Navy, war die britische Royal Air Force einer der größten Betreiber der von ihr »Dakota« getauften DC-3-Serie. Legendären Ruf erwarben sich die RAF »Dakotas« 1948/49 im Rahmen der Berliner Luftbrücke als »Rosinenbomber«, die zu Beginn der bis heute größten humanitären Aktion auf dem Luftweg die Westberliner Bevölkerung mit allem Lebenswichtigem versorgten. Neben den USA wurde die DC-3 in Japan und der UdSSR in Lizenz produziert. Allein in der Sowjetunion entstanden so insgesamt 6.157 Lisunov Li-2. Während des Zweiten Weltkriegs erhielt Russland zudem mehr als 700 in den USA hergestellte DC-3, die mit russischen AS-62 Motoren ausgerüstet und als TS-62 bezeichnet wurden.

Nach Ende des Zweiten Weltkriegs verlangten die Fluglinien neue Flugzeuge, die schneller und größer waren als die zu hunderten angebotenen DC-3/C-47 aus überzähligen Militärbeständen. Angespornt durch zunächst großes Interesse der Airlines entwickelte Douglas daraufhin die »Super DC-3«. Stärkere Triebwerke, ein längerer Rumpf für bis zu zehn weitere Passagiere, ein größeres Seitenleitwerk und eine bis zu 50 Prozent größere Reichweite machten aus dem ursprünglichen DC-3 Design ein neues, elegantes Verkehrsflugzeug. Doch am Ende konnte Douglas ganze drei Maschinen an Capital Airlines verkaufen. Hätte die U.S. Navy nicht 100 ihrer eigenen, R4D-5 und -6 genannten Standard DC-3 zu R4D-8 »Super DC-3« umrüsten lassen, wäre dieses Programm ein kommerzieller Flop gewesen. Die jüngste und noch heute angebotene DC-3 Umrüstung ist die von Basler Turbo Conversions entwickelte »Basler BT-67«. Die in Oshkosh im US-Bundesstaat Wisconsin ansässige Firma ersetzt die alten Wright-Sternmotoren der DC-3 durch moderne Pratt & Whitney Canada, PT6A-67R Turboprops mit Hartzell-Fünfblattpropellern. Zudem werden die Cockpit-Instrumente dem heutigen Standard angepasst. Die so für das 21. Jahrhundert fit gemachten DC-3 können nach der Konversion nicht nur schneller, höher und weiter fliegen als die Standardausführung des Jahres 1935, sondern auch noch mehr Nutzlast befördern.

Die Liste jener Flugzeugmuster, die als »DC-3 Ersatz« vermarktet wurden ist schier endlos. Sei es die Fokker F-27 »Friendship«, die Handley Page »Herald«, die Aviation Trader »Accountant« oder selbst der Bremer Jet VFW 614. Doch bis auf ganz wenige Ausnahmen waren sie zum Scheitern verurteilt und es findet sich bis heute kein ebenbürtiger Ersatz für die schier unverwüstlichen »Dakotas«. So kommen selbst im Jahr 2019 weiterhin DC-3 in abgelegenen Regionen kommerziell zum Einsatz, werden aber auch rund um den Globus als Traditionsflugzeuge von Vereinen und vermögenden Privatpersonen als Erinnerung an die Pionierzeit des Luftverkehrs flugfähig gehalten.

Diese Basler BT-67 wird von Antarctic Logistics Centre International für touristische Flüge in der Antarktis genutzt. (Foto: © Amble, CC BY-SA 3.0)

Technische Daten Douglas DC-3

Länge: 19,66 m
Spannweite: 28,96 m
Flügelfläche: 91,70 qm
Höhe: 5,85 m
Antrieb: 2 x Pratt & Whitney R-1820 »Cyclone« Sternmotoren.
Leistung: 2 x 1.100 PS
Max. Startgewicht: 11.400 kg
Reisegeschwindigkeit: ca. 300 km/h
Reichweite: 900 km
(Swissair Version DC-3-227A)

Basler BT-67

Länge: 20,66 m
Spannweite: 29,00 m
Antrieb: 2 x Pratt & Whitney Canada PT6A-67R Turboprops
Leistung: 2 x 1.281 PS
Treibstoffverbrauch / Stunde: 570 Liter Kerosin
Leergewicht: 8.300 kg (auf Skifahrwerk 8.900 kg)
Max. Startgewicht: 13.000 kg
Reisegeschwindigkeit: 167 – 315 km/h
Reichweite ohne Nutzlast: 3.000 km
Reichweite mit 1.000 kg Nutzlast: 2.300 km
(Angaben für die Basler BT-67 »Polar 6« des Alfred Wegener Instituts, Bremerhaven)

Die holländische DDA Classic Airlines betreibt diese DC-3 und setzt sie europaweit auf Rundflügen ein, die von Enthusiasten gebucht werden können. (Foto: © Tony Hisgett, CC BY 2.0)

Die kanadische Kenn Borek Air ist eine weitere Fluggesellschaft, die mit Basler BT-67 Versorgungsflüge in der Antarktis durchführt. (Foto: © Christopher Michel, CC BY 2.0)

Die in historischen Pan American-Farben lackierte DC-3 »Tabitha Mae« ist eine der wenigen nicht kommerziell genutzten Maschinen dieses Typs. Sie befindet sich in Privatbesitz. (Foto: © Acroterion, CC BY-SA 4.0)

Die Feierlichkeiten anlässlich des Roll-Outs der ersten 737-700 am 8. Dezember 1996 im Boeing-Werk Renton bei Seattle. (Foto: © Boeing)

Dass ausgerechnet der Bestseller Jahrzehnte später einmal zum Sorgenkind des Boeing-Konzerns werden könnte, ahnte im Januar 1985 wahrlich niemand. (Foto: © Lufthansa)

BOEING 737
Der meistverkaufte Passagierjet

Im Mai des Jahres 1964 begann Boeing mit den ersten Projektstudien für einen kleinen zweistrahligen Jet dessen Kapazität weit unter der bis dahin kleinsten Boeing des Typs 727 liegen sollte. Das zunächst von Boeing verfolgte Konzept schloss sich den Entwürfen der Wettbewerber an und sah einen schmalen Rumpf, T-Leitwerk und zwei Triebwerke im Heck vor. Boeing und United Airlines führten im Sommer 1964 erste gemeinsame Studien durch auf deren Basis die leitenden Boeing-Ingenieure Joe Sutter und Jack E. Steiner zwei mögliche Design-Varianten näher untersuchten, die beide von je zwei Pratt & Whitney JTF-10 Triebwerken angetrieben werden sollten. Das Ziel war unverändert ein kleiner Jet, weit unterhalb der Sitzplatzkapazität der Boeing 727-100. Die Diskussion drehte sich lediglich darum, ob einem T-Leitwerk mit im Heck montierten Motoren à la BAC 1-11 und Douglas DC-9 oder einer Lösung mit in Gondeln unter den Tragflächen angebrachten Triebwerken der Vorzug gegeben werden sollte. Um weitere Meinungen einzuholen besuchten Boeing-Ingenieure auch die Lufthansa-Technikabteilung in Hamburg und ließen sich darauf ein, dass Lufthansa-Technikvorstand Prof. Gerhard Höltje und seine Mannschaft maßgeblich am Entwurf der neuen 737 mitwirkten. Ein interner Wettbewerb zwischen zwei Boeing-Konstruktionsteams führte schließlich zum optimalen Design der 737 wie wir sie heute kennen und womit der Weg zur homogenen Flugzeugfamilie Boeing 707/720/727/737 geebnet war. Boeing verkündete, dass 17 Prozent der Flugzeugstruktur, ganze 64 Prozent der Ausrüstung sowie 76 Prozent der Inneneinrichtung von 727 und 737 identisch sind. Auch das prinzipielle Layout der Flightdecks beider Muster unterscheidet sich nur marginal – bis auf den dritten Arbeitsplatz des Flugingenieurs an Bord der 727.

Am 19. Februar 1965 ermächtigte der Lufthansa-Aufsichtsrat den Kauf von 21 für Lufthansa maßgeschneiderte Boeing 737-130 zum Stückpreis von 13,9 Millionen Deutsche Mark. Dies war der erste Auftrag den Boeing für ihren heutigen Bestseller gewinnen konnte. Zudem bestellte United Airlines als erste Fluglinie die verlängerte 737-200. Das meistgebaute Düsenverkehrsflugzeug aller Zeiten war endgültig gestartet! Die Flugerprobung der 737-Prototypen begann am 9. April 1967 und nach dem Zulassungsverfahren in Verlauf dessen in 1.400 Flugstunden 1.350 Flügen absolviert wurden erteilte die US-Luftfahrtbehörde FAA am 15. Dezember 1967 der Boeing 737 ihre Musterzulassung. Die Spezialisierung der für Lufthansa maßgeschneiderten 737-Basisversion der Serie 100 führte dazu, dass sich mit der kolumbianischen Avianca (2) sowie Malaysia-Singapore Airlines (5) nur zwei andere Fluglinien in Ergänzung zu den 21 Lufthansa »City Jets« für die 737-100 begeistern konnten. Erst am 25. Februar 1982 trennte sich die »Hansa« wieder von jenem Jet den ihre Ingenieurabteilung zwei Jahrzehnte zuvor mit entwickelt hatte.

Die 737-200 startete am 8. August 1967 zu ihrem Erstflug. United übernahm das erste Flugzeug am 29. Dezember 1967 – nur einen Tag nachdem Lufthansa ihre erste 737-100 feierlich in Empfang genommen hatte. Bereits 1978 hatte sich die kleine 737 – Boeing intern zunächst despektierlich »Fetter Albert« genannt mit 543 Bestellungen zum »kleinen Giganten« gemausert. Vor allem die Boeing 737-200 entwickelte sich für

Der damalige Lufthansa-Technikvorstand Professor Gerhard Höltje drängte Boeing 1965 zum Start des 737-Programms. Viele Details der 737 basieren auf Vorschlägen von Lufthansa-Ingenieuren. (Foto: © Lufthansa)

BESTSELLER

Boeing zum Glücksfall der Unternehmensgeschichte und wurde erst an einem chinesischen Glücksdatum mit Auslieferung des letzten Flugzeugs am 8.8.1988 zu Gunsten der weiter entwickelten Versionen eingestellt. Es folgten die Modelle 300, 400 und 500 die mit dem damals modernsten Glas-Cockpit und zwei leisen und treibstoffsparenden CFM56-Triebwerken ausgestattet waren und vor allem mit den McDonnell Douglas MD-80 konkurrierten. Das CFM56-7B Triebwerk ist exklusiver Antrieb der nachfolgenden Boeing 737 »Next Generation«-Familie, deren erstes Mitglied die Boeing 737-700 war. Ihr Prototyp startete am 9. Februar 1997 mit den beiden Boeing-Testpiloten Mike Hewitt und Ken Higgins am Steuer zu seinem drei Stunden und 35 Minuten währenden Erstflug. Neben ihren neuen, noch wirtschaftlicheren Triebwerken unterschied sich die »Next Generation« von den »Classic« 737-Vorgängerinnen primär durch ein verfeinertes Flügeldesign mit zunächst optionalen, später serienmäßig angebotenen »Winglets« an den Tragflächenspitzen, angepassten Vorflügeln und Landeklappen, einem neuen Kabinendesign mit vergrößerten Gepäckfächern und vor allem einer neuen Generation an Cockpit-Bildschirmen zur digitalen Darstellung der Fluginstrumente. Nach 737-600, -700, -800 und -900 sowie dem darauf basierenden Boeing Business Jet brachte Boeing mit der 737 MAX die vierte 737-Generation als direktes Konkurrenzmuster zur Airbus A320neo Baureihe auf den Markt. Das erste Exemplar, eine 737 MAX 8, startete am 29. Januar 2016 zu ihrem Erstflug. Die derzeit offerierten 737 MAX 7, 8, 9 & 10 Modelle werden exklusiv mit CFM International LEAP-1B -Motoren angeboten.

Die MAX-Version geriet erstmals am 29. Oktober 2018 in die negativen Schlagzeilen als eine Maschine der indonesischen Lion Air kurz nach dem Start in Jakarta ins Meer stürzte. Probleme mit der Flugsteuerung führten dazu, dass die Piloten über mehrere Minuten vergeblich darum kämpften die Kontrolle über das Flugzeug zurück zu erlangen. Wie sich später herausstellen sollte hatte das von Boeing ohne Kenntnis der Airlines und deren Piloten verbaute MCAS-System dazu geführt, dass die Nase der Maschine vom Computer immer wieder nach unten gedrückt wurde bis die Besatzung den Kampf gegen den für sie unbekannten Feind verlor. Im Rahmen der Flugunfalluntersuchung stellte sich schnell heraus, dass die wahrscheinlichste Ursache für den Absturz von Flug 610 eben jenes »Maneuvering Control Augmentation System«, kurz MCAS war, das eigentlich zur Verbesserung der Flugsicherheit an Bord der neuesten 737-Version installiert wurde. Dies war erforderlich geworden nachdem Boeing das fast 55 Jahre alte Grunddesign der 737 weiter gestreckt und mit leisen und sparsamen, dadurch im Durchmesser aber auch sehr großen CFM-Leap-1B-Motoren ausgestattet hatte. Im Gegensatz zu den ursprünglichen Pratt & Whitney JT-8-Triebwerken der 60er-Jahre passten die neuen Antriebe nicht mehr unter die Flügel sondern mussten davor und zudem sehr hoch angebaut werden. Das hatte ein verändertes Flugverhalten zur Folge, besonders wenn die Maschine im Steigflug beschleunigt wird. Um einem drohenden Auftriebsverlust und Absturz entgegen zu wirken wurde MCAS entwickelt, das über die Trimmung des Flugzeugs ohne Zutun der Piloten die Nase nach unten drückt. Das System tat so lange unauffällig seinen Dienst, bis jener Sensor der den Anstellwinkel der Maschine misst, auf Lion Air-Flug 610 falsche Daten lieferte. Obgleich das Flugzeug geradeaus flog gab der

Eine der ersten für Lufthansa bestimmten 737-130 wurden von Boeing für das Zulassungsprogramm des Flugzeugmusters genutzt. (Foto: © Boeing)

Die belgische Sabena nutzte 737-200 als reine Passagiermaschinen sowie in einer Kombi-Version mit seitlicher Frachttür.
(Foto: © Sammlung Wolfgang Borgmann)

Die Variante 737-500 wurde mit einer Bestellung über 45 Maschinen von der US-amerikanischen Low-Cost-Airline Southwest lanciert. (Foto: © Boeing)

Am 28. Februar 1990 erhielt Southwest Airlines ihre erste 737-500. Von dieser Version entstanden 389 Stück. (Foto: © Boeing)

Jahrelang setzte auch die Billigfluglinie easyJet Boeing 737-300 auf ihrem europäischen Streckennetz ein. (Foto: © Sammlung Wolfgang Borgmann)

Im Oktober 1996 landet diese Bahamasair Boeing 737-201 in Miami. Deutlich erkennt man die alten, schmalen Triebwerke.
(Foto: © Aero Icarus, CC BY-SA 2.0)

Computer immer wieder den Befehl die Nase zu senken da der Außenfühler ihm einen vermeintlich steilen Steigflug meldete. Das Ergebnis des ungleichen Kampfs zwischen Mensch und Maschine ist bekannt. Die Unglücksursache schien geklärt und die Piloten der weltweiten 737 MAX-Flotte gewarnt, als sich die Ereignisse aus dem Herbst 2018 auf tragische Weise am 10. März 2019 bei einer 737 MAX-8 der Ethiopian Airlines wiederholten. Wieder verloren die Piloten gegen den Computer was 157 Menschen mit ihrem Leben bezahlten. Im Gegensatz zum ersten Absturz reagierte die US-amerikanische Luftaufsichtsbehörde FAA diesmal schneller und entzog dem Flugzeugmuster 737 MAX im März 2019 temporär die Musterzulassung. Damit erhielten sämtliche Maschinen dieses Typs ein global gültiges Startverbot. Bei Redaktionsschluss dieses Buches war diese drastische Maßnahme noch in Kraft und ein Ende des Groundings der neuesten 737-Version nicht abzusehen.

Militärische Varianten

Obgleich die Boeing 737 kein Militärjet im klassischen Sinne ist kommt sie doch seit vier Jahrzehnten als Plattform für diverse Missionen der Streitkräfte zum Einsatz. Bereits in den frühen 70er-Jahren wurden 19 Boeing 737-200 mit der U.S. Air Force Bezeichnung T-43A als fliegende Klassenzimmer zur Ausbildung von Navigatoren genutzt. Von diesen Maschinen wurden sechs für Transportaufgaben zu CT-43A umgerüstet, während eine T-43A zur NT-43A für Radar-Tests im Fluge modifiziert wurde. Eine andere, aktuelle Applikation ist die auf der Boeing 737-800 basierende P-8A »Poseidon«. Sie wurde zur Seeaufklärung und U-Boot Bekämpfung entwickelt und ist als Alternative zum Lockheed P-3 »Orion« Turboprop konzipiert der unter anderem bei der deutschen Marine zum Einsatz gelangt. Neben den P-8A der U.S. Marine fliegen weitere Maschinen bei der australischen Royal Air Force sowie in der Version P-8I bei den Streitkräften Indiens. Die P-8 Aufklärer werden zunächst neben ihren zivilen Schwestermaschinen in der regulären Boeing-Endmontaglinie hergestellt, bevor sie an die »Boeing Defence, Space and Security«-Division zur Ausrüstung mit militärischen Systemen und Sensoren übergeben werden. Der einzige strukturelle Unterschied zu regulären Boeing 737-800 besteht daran, dass die Rümpfe der P-8 mit den verstärkten Tragflächen der Version »900« kombiniert sind. Bis zum Mai 2019 konnte Boeing 15.161 Exemplare sämtlicher 737-Versionen verkaufen und verfügte über ein Auftragspolster für die 737 MAX in Höhe von 4.550 Jets wovon 387 Flugzeuge bereits hergestellt waren – in Folge des Flugverbots jedoch nicht eingesetzt werden durften.

Die 737 MAX war Boeings Hoffnungsträger und ist nun das Sorgenkind: Nach zwei systembedingten Abstürzen und weltweitem Flugverbot ist die Zukunft dieser Version fraglich. (Foto: © Boeing)

Technische Daten Boeing 737-100

Länge: 28,65 m
Spannweite: 28,35 m
Höhe: 11,28 m
Motoren: 2 x Pratt & Whitney JT8D-7
Reisegeschwindigkeit: ca. 830 km/h
Reichweite: ca. 2.120 km

Durch die spezielle Bauweise erhielten die Teile bei geringem Gewicht hohe Festigkeit. (Foto: © Wolfgang Borgmann)

Im Jahr 1998 von der Technikabteilung der Lufthansa-Verkehrsfliegerschule in Bremen restauriert, ist die legendäre Rekordmaschine seitdem am Flughafen der Hansestadt ausgestellt. (Foto: © Wolfgang Borgmann)

Wie die meisten legendären Junkers-Muster wurde auch die »Bremen« in Wellblech-Bauweise hergestellt (Foto: © Wolfgang Borgmann)

JUNKERS W33 »BREMEN«
Sturmflug durch die Nacht

Als die Crew der Junkers W33 »Bremen« am 13. April 1928 den Leuchtturm der kanadischen Insel Greenly Island erblickte hielt sie das erste Zeichen menschlicher Zivilisation auf dem amerikanischen Kontinent zunächst für ein im Packeis eingeschlossenes Schiff. Völlig orientierungslos und nach 36,5 anstrengenden Flugstunden bis an das Ende ihrer Kräfte erschöpft, beendeten die beiden Piloten und ihr Passagier den ersten erfolgreichen Flug über den Nordatlantik in Ost-West-Richtung mit einer holperigen Bruchlandung unweit der einsamen Signalstation. Eines der größten Flugabenteuer der 20er-Jahre hatte im Mündungsdelta des St. Lawrence Stroms sein glückliches Ende gefunden. Dabei hing das Schicksal von Hermann Köhl, Major Fitzmaurice und Freiherr von Hünefeld am seidenen Faden. Orkanböen, dichte Wolken und Instrumentenausfälle gefährdeten die Mission der passionierten Abenteurer bis zuletzt. Doch die deutsch-irische Crew hatte mehr Glück als die vielen anderen Flieger zuvor, die über dem tosenden Atlantik ohne ein letztes Lebenszeichen für immer verschollen sind.

Die Idee zum ersten Flug von Europa nach Nordamerika reifte im Juni 1927 während eines Treffens des Pressechefs der Reederei Norddeutscher Lloyd, Ehrenfried Günther Freiherr von Hünefeld und des Chefpiloten der Norddeutschen Luftverkehrsgesellschaft, Cornelius H. Edzard in Bremen. Sie wollten erstmals den Nordatlantik von Ost nach West überqueren – und damit entgegen der vorherrschenden Windrichtung und gegen die Zugrichtung der üblichen Schlechtwetterfronten. Nachdem der Norddeutsche Lloyd und diversen Banken die Finanzierung zusicherten, nahm das Vorhaben konkrete Formen an. Mit dem erfahrenen Luft Hansa-Piloten Hermann Köhl, dem Junkers-Testpiloten Johann Risticz und Fritz Loose waren weitere erfahrene Flieger zu der Gruppe gestoßen, als der Hearst-Verlag seinem Europa-Vertreter Hubert R. Knickerbocker 33.000 US-Dollar für die Mitreise als Passagier auf einem Ost-West-Atlantikflug zur Verfügung stellte. Mit dem frischen Kapital konnte eine weitere W33 für die wachsenden Zahl an Piloten und Fluggästen finanziert werden. Hauptsponsor war jedoch noch immer der Norddeutsche Lloyd, dessen PR-Mann von Hünefeld die beiden Flugzeuge nach den neuesten Schnelldampfern der Reederei, »Europa« und »Bremen«, benannte. Die Vorbereitungen für den gleichzeitigen Flug der »Europa« nach New York und der »Bremen« nach Chicago kamen gut voran. Am Startplatz Dessau wurde eine 800 Meter lange Betonpiste für den Anlauf der voll getankten Wellblechflugzeuge gebaut und die Crews auf die beiden Flugzeuge verteilt. Die Piloten Köhl und Loose sowie der Passagier von Hünefeld sollten mit der »Bremen« fliegen, während Edzard und Risticz mit dem Fluggast Knickerbocker für die »Europa« geplant waren. Am 14. August 1927 hoben die beiden W33 auf dem Junkers-Werksflugplatz mit Ziel USA ab. Die Flüge verliefen zunächst ohne Schwierigkeiten, bis die »Europa« Motorprobleme meldete und sicherheitshalber nach Bremen zurückkehrte. Auch die »Bremen« war von Pech verfolgt als Köhl und Loose in Nebelbänken über der Nordsee die Orientierung verloren und nur mit Mühe den Rückweg fanden.

Hermann Köhl und Freiherr von Hünefeld gaben ihren Traum vom Atlantikflug nicht auf. Mit neuen Sponsoren und der Ausrüstung ihrer Junkers W33

»Bremen« mit einem stärkeren Motor, Vorläufern der heute üblichen »Winglets« an den Flügelenden zur Reduzierung des Luftwiderstandes sowie dem Einbau präziserer Instrumente, wurde die Maschine am 15. Februar 1928 auf Ehrenfried Günther Freiherr von Hünefeld mit dem Kennzeichen D-1167 zugelassen. Als neuer Co-Pilot ergänzte der Junkers-Monteur Spindler das Team. Im Februar 1928 reisten von Hünefeld und Köhl nach Irland um dort einen näher an Amerika liegenden Startflughafen zu wählen und entschieden sich für das Militärflugfeld Baldonnel nahe Dublin wo ihnen der Platzkommandant Major James C. Fitzmaurice einen freundlichen Empfang bereitete. In den frühen Morgenstunden des 26. März 1928 flog die »Bremen«-Crew mit ihrer W33 von Berlin-Tempelhof nach Baldonnel wo sie zwei Wochen auf gutes Flugwetter über dem Atlantik warten musste. Währenddessen hatten sich Hermann Köhl und Günther Freiherr von Hünefeld so gut mit James C. Fitzmaurice angefreundet, dass dieser spontan die Rolle des im Streit abgereisten Monteurs Schindler als Co-Pilot der »Bremen« übernahm.

Das Abenteuer beginnt

Am frühen Morgen des 12. April 1928 war es schließlich soweit. Die wagemutige Crew nahm mit ihrer Junkers um 5:23 Uhr in Baldonnel Anlauf zum Start nach Amerika. Bei guter Sicht und problemloser Navigation waren die Atlantikflieger bester Laune. Während sich die Piloten mit dem Fliegen und der Bestimmung des Standorts abwechselten, betätigte sich Passagier von Hünefeld als Steward und bereitete Essen und Kaffee zu. Doch dann folgte die Nacht und mit ihr ein kräftiges Orkangebiet in dem die Atlantikflieger völlig die Orientierung verloren. Dann entdeckte Fitzmaurice Öl am Cockpitboden was die beiden Piloten nach Beobachtung ihrer Anzeigen als Leck des Hauptöltanks deuteten. Um bei einem befürchteten Motorausfall und der folgenden Notlandung über festem Grund zu sein, korrigierten sie ihren Kurs auf den vermeintlich direkten Flugweg zur Küste. Erst nach der Landung entdeckten die Flieger, dass das Öl aus einem defekten Instrument stammte und der Öltank vollkommen intakt war! Als der Sturm nachließ, und die Wolken aufrissen, brachte die erstmals wieder mögliche Orientierung am Polarstern das ganze Ausmaß der Abdrift an den Tag. Anstatt Richtung New York befand sich die »Bremen auf dem Weg zum magnetischen Nordpol in der Eiswüste Kanadas. Hermann Köhl änderte den Kurs umgehend wieder Richtung Südwest, doch wusste die Besatzung nicht mehr wo sie sich befand. Verzweifelt nach rettenden Siedlungen Ausschau haltend, flogen die Ost-West-Pioniere über Land weiter Richtung Süden. Wie viel Treibstoff war noch in den Tanks – und wo befanden sie sich? Weitere Stunden verstrichen, in denen die übermüdeten Flieger mehrmals von Halluzinationen genarrt wurden, die ihnen Dörfer und sogar Flughäfen vorgaukelten. Schließlich kam etwas in Sicht, dass die Crew zunächst als ein im Eis eingeschlossenes Schiff deutete – in Wirklichkeit jedoch die Leuchtturmstation von Greenly Island war. Nach 36,5 Flugstunden setzte Hermann Köhl die Maschine auf dem zugefrorenen Wasserreservoir der Station sachte auf. Erst im letzten Moment brach das Eis unter der Last des Flugzeugs ein – und die »Bremen vollführte einen Kopfstand. Leuchtturmwärter Johnny Letemplier und seine Familie kümmerten sich als erste um die buchstäblich aus dem Himmel gefallenen Flieger. Eine erfolglose

Am Flughafen Stockholm-Arlanda steht diese Junkers W34h, die aus der W33 weiterentwickelt wurde. (Foto: © Wolfgang Borgmann)

Montage einer W34 im Werk der in Limnham ansässigen schwedischen Junkers-Tochtergesellschaft AB Flygindustri (Foto: © Sammlung Wolfgang Borgmann)

Bei der W34 kam überwiegend ein BMW- oder Pratt & Whitney-Sternmotor zum Einsatz. (Foto: © Wolfgang Borgmann)

Pilotenkanzel der schwedischen W34, die als letztes Exemplar 1935 an die schwedische Luftwaffe geliefert wurde. (Foto: © Wolfgang Borgmann)

Colonel James C. Fitzmaurice (rechts) war Ehrengast der Lufthansa auf einem ihrer ersten Langstrecken-Erprobungsflüge im Jahr 1955 von Deutschland nach New York. In der Mitte der damalige Verkehrsminister Dr. Hans-Christoph Seebohm sowie links Lufthansa-Vorstand Hans M. Bongers.
(Foto: © Lufthansa)

Bergungsaktion der Ersthelfer beschädigte die Junkers W33 zum großen Ärger der Crew noch weiter doch waren sie zu übermüdet um die Dinge selbst in die Hand zu nehmen.
Köhl, Fitzmaurice und von Hünefeld kehrten daher am 26. April 1928 nicht im eigenen Flugzeug sondern an Bord einer Ford »Trimotor« in die Zivilisation zurück wo sie in New York ein Sturm der Begeisterung inklusive der obligatorischen Konfettiparade erwartete. Als Anerkennung für ihre Leistung erhielten sie aus den Händen des US-Präsidenten die höchste Auszeichnung, die normalerweise US-Piloten vorbehalten war: das »US Distinguished Flying Cross«. Einer triumphalen Rundreise durch die USA folgte am 18. Juni 1928 die Rückkehr nach Deutschland wo sie ebenso euphorischen umjubelt wurden.
Und die W33 »Bremen«? Sie wurde vor Ort demontiert und nach vielen Stationen von Henry Ford im Jahr 1936 für sein Museum in Dearborn erworben. Dort verblieb sie bis zum Jahr 1997, als es dem Verein »Wir holen die Bremen nach Bremen« nach Fürsprache der Deutschen Lufthansa Berlin-Stiftung gelang, den damaligen Leiter des Henry Ford Museums von der Idee zu überzeugen, die Junkers W33 für eine umfassende Restaurierung und zeitlich befristete Präsentation nach Deutschland zu holen. Stolz präsentierte der Verein am 19. Juni 1998 die instand gesetzte und wie fabrikneu glänzende Junkers W33 auf dem Marktplatz der Hansestadt nachdem sie zuvor in der Werft der Lufthansa Verkehrsfliegerschule in Bremen umfassend restauriert worden war. Bis heute ist die Rekordmaschine am Flughafen der Hansestadt zu besichtigen.

Technische Daten Junkers W33b »Bremen«

Länge: 10,90 m
Spannweite: 17,70 m
Flügelfläche: 43 qm
Höhe: 3,50 m
Antrieb: 1 x Junkers L5, 6-Zylinder Motor
Leistung: 360 PS
Leergewicht: 1.400 kg
Max. Startgewicht: 3.815 kg
Max. Geschwindigkeit: 160 km/h
Reisegeschwindigkeit: 150 km/h
Reichweite: 5.400 km

Die für Junkers typische Flügelkonstruktion der in Stockholm ausgestellten W34h. (Foto: © Wolfgang Borgmann)

FOCKE-WULF FW 200 »CONDOR«
Erstmals Nonstop nach New York

Auf dem Höhepunkt der Wasserflugzeugära machte ein Landflugzeug mit einem spektakulären Rekordflug über den Nordatlantik von sich reden, der den Weg zum heutigen Langstreckenverkehr mit Landflugzeugen ebnete. Es war der 10. August 1938, als die elegante, in Bremen gebaute Focke-Wulf Fw 200 »Condor« mit dem Kennzeichen D-ACON in Berlin-Staaken an den Start rollte. Ziel des von Lufthansa-Flugkapitän Henke pilotierten Nonstop-Fluges: New York. 6.370 Kilometer lagen vor der Crew und ihrem mit Zusatztanks ausgerüsteten Passagierflugzeug. Die Route führte in einer Reiseflughöhe von 2.000 Metern über Hamburg, Glasgow, Neufundland und Halifax zum Floyd-Bennett-Flughafen der US-Ostküstenmetropole. Eine begeisterte Menschenmenge hieß die Atlantikflieger nach einer Flugzeit von 24 Stunden, 36 Minuten und zwölf Sekunden auf amerikanischem Boden willkommen. Obgleich ursprünglich nicht für derartige Langstrecken konstruiert, bewährte sich die elegante »Condor« auf diesem Pionierflug. Welchen Belastungen die Flugzeugstruktur dabei ausgesetzt war, zeigt folgende Episode: Nach der Landung in New York versuchte die Besatzung zunächst vergeblich die Kabinentür der Fw 200 zu öffnen. Schnell war als Ursache ermittelt, dass sich der Rumpf durch das Gewicht der in der Kabine installierten Zusatztanks verzogen hatte!
Der erfolgreiche Flug der D-ACON nach New York hatte bewiesen, dass auch große Landflugzeuge Ozeane bezwingen können. Und das bei wesentlich geringeren Strukturgewichten und Kosten, im Vergleich zu den Flugbooten mit ihren schweren Bootsrümpfen. Das Entwicklungsteam um den Technischen Direktor der Focke-Wulf Flugzeugwerke, Kurt Tank war fest davon überzeugt, dass dem Langstrecken-Flugverkehr mit schnellen Landflugzeugen die Zukunft gehört. Nur ein Jahr würden bis zum Erstflug der streng nach Vorgaben der Lufthansa geplanten und von ihr in Auftrag gegebenen Fw 200 vergehen. Darum hatten Kurt Tank und der Lufthansa-Direktor Carl-August Freiherr von Gablenz um 25 Flaschen Sekt gewettet. Und so machte sich Tanks kleines, gut ausgebildetes und motiviertes Entwicklungsteam an die Realisierung der »Condor«. Am Ende brauchte die Focke-Wulf Mannschaft elf Tage länger als versprochen bis zum Erstflug der Fw 200 V1. Zähne knirschend schickte Tank seinen Wetteinsatz an Freiherr von Gablenz – erhielt jedoch umgehend im Gegenzug die identische Zahl an Sektflaschen von seinem Wettpartner zurück. Die Leistung des Focke-Wulf Teams war so außergewöhnlich, dass es dem Direktor der Lufthansa nicht auf elf Tage ankam. Am 27. Juli 1937 ging der Prototyp Fw 200 V1 mit Kurt Tank und Chef-Testpilot Hans Sander in Bremen an den Start. Im Liniendienst versah die »Condor« nicht nur bei Lufthansa zuverlässig innerhalb Europas ihren Dienst. Weitere Exemplare kamen bei der brasilianischen Syndicato Condor sowie bei der dänischen Det Danske Luftfartselskab A/S (DDL) in der Version KA-1 zum Einsatz. Verkäufe an weitere Interessenten, wie der holländischen KLM oder der finnischen Aero O/Y vereitelte der Ausbruch des Zweiten Weltkriegs.
Im Jahr 1981 wurden die Überreste einer im Krieg militärisch genutzten Fw 200 zum ersten Mal in einem Fjord beim norwegischen Trondheim geortet. Schnell erkannten Experten den Wert des Flugzeugwracks. Die Überreste einer Focke-Wulf Fw 200 waren eine echte Rarität – keine andere

Ein guter Bordservice war auch bereits bei der ersten Fluglinie namens Lufthansa auf deren »Condor«-Flügen selbstverständlich. (Foto: © Lufthansa)

Eher an ein gemütliches Zugabteil erinnern die weich gepolsterten Sessel in der Passagierkabine. (Foto: © Lufthansa)

Eine FW 200 der dänischen DDL. Neben Lufthansa war DDL die einzige Fluglinie, die noch vor dem Zweiten Weltkrieg Maschinen des Typs erhielt. (Foto: © Lufthansa)

Die D-ACON am 10. August 1938 nach ihrem spektakulären Nonstop-Flug von Berlin nach New York. (Foto: © Lufthansa)

Danish Air Lines nutzte ihre FW 200 noch in der Nachkriegszeit, ehe ein Unfall sowie Ersatzteilmangel den Betrieb nur eines Flugzeugs unwirtschaftlich machten. (Foto: © Sammlung Wolfgang Borgmann)

Lufthansa hielt den Flugverkehr mit ihren FW 200 selbst während des Zweiten Weltkriegs – wenn auch eingeschränkt – aufrecht. (Foto: © Lufthansa)

Die umjubelte Besatzung der D-ACON nach ihrer Rückkehr nach Deutschland. (Foto: © Lufthansa)

Die FW 200 war für ihre Zeit ein technologisch sehr fortschrittliches Flugzeug und brauchte den Vergleich zu Maschinen wie der Douglas DC-3 oder DC-4 nicht zu scheuen. (Foto: © public domain)

Maschine dieses Typs war bekannt! Das Flugzeug war im Februar 1942 aufgrund eines technischen Defekts notgewassert und lag seitdem in über 60 Metern Tiefe. Als Gegenleistung für die Restaurierung einer Ju 52/3m für ein norwegisches Museum durch ein Team von Lufthansa-Enthusiasten konnte die Maschine für das Deutsche Technikmuseum in Berlin gewonnen werden. Die Bergungsarbeiten erwiesen sich jedoch als kompliziert, denn die Korrosion war weiter fortgeschritten, als Untersuchungen unter Wasser hatten vermuten lassen. Beim Absetzen auf der Bergungsplattform am 26. Mai 1999 zerbrach das Condor-Wrack. Trotzdem entschlossen sich die beteiligten Partner, das aufwändige Restaurierungsprojekt in Angriff zu nehmen. Die Deutsche Lufthansa Berlin-Stiftung hatte sich zum Ziel gesetzt, zusammen mit dem Deutschen Technikmuseum Berlin, Airbus in Bremen und Rolls-Royce Deutschland im Werk Oberursel das schwer beschädigte Flugzeug wieder in ein ansehnliches Stück der Verkehrsflugzeuggeschichte zu verwandeln. Mittlerweile lassen sich die ersten Ergebnisse an allen Standorten sehen. Möglich ist dies nur durch das Zusammenspiel vieler Experten mit den unterschiedlichsten Fachkenntnissen, umfassendem ehrenamtlichen Engagement und großzügigen Spendern. Aber Fachleute sind überzeugt: Es lohnt sich, auch wenn die Maschine nicht mehr fliegen wird.

Technische Daten
Focke-Wulf Fw 200 KA-1 »Condor«

Länge: 23,85 m
Spannweite: 32,84 m
Flügelfläche: 118 qm
Höhe: 6,0 m
Antrieb: 4 x 9cc BMW 132 G
Leistung: 4 x 720 PS
Leergewicht: 9.770 kg
Max. Startgewicht: 14.600 kg
Reisegeschwindigkeit: 330 km/h
Reichweite: 1.450 km

Nach Kriegsbeginn musste Focke-Wulf die Produktion ziviler »Condor« einstellen und ausschließlich militärische Varianten produzieren. (Foto: © public domain)

DE HAVILLAND 106 »COMET«
Der erste Passagierjet

Am 27. Juli 1949 begann mit dem Erstflug der de Havilland 106 »Comet« das Jet-Zeitalter im zivilen Luftverkehr. Ganze 31 Minuten testete Chefpilot John Cunningham auf diesem historischen Flug den G-5-1 (G-ALVG) zugelassenen Prototyp bis er zum Werkflugplatz in Hatfield sicher zurückkehrte. Exakt ein Jahr später brachte de Havilland den zweiten Prototypen mit der Zulassung G-5-2 (G-ALZK) an den Start. Mit beiden Testflugzeugen absolvierten die Flugzeugwerke ein umfangreiches Flugerprobungsprogramm, das mit der Zulassung der britischen Luftfahrtbehörde am 22. Januar 1952 seinen krönenden Abschluss fand. Die de Havilland-Konstrukteure betraten mit der »Comet« absolutes Neuland in den Bereichen Konstruktion, Navigation, Meteorologie oder Bodenabfertigung eines Verkehrsflugzeugs, das im Vergleich zu allen anderen Modellen seiner Zeit fast doppelt so schnell und doppelt so hoch flog. Die ausreichende Bereitstellung des für die vier »Ghost«-Gasturbinen benötigten Flugtreibstoffs Kerosin an den D.H. 106-Destinationen und Ausweichhäfen war zudem eine immense logistische Herausforderung.
Die de Havilland-Konstrukteure waren sich bewusst, dass der Transport von 40 Passagieren in bis zu zwölf Kilometern Flughöhe extrem hohe Beanspruchungen an die Struktur der Druckkabine stellt. Um nichts dem Zufall zu überlassen, errichtete de Havilland einen großen Wassertank in dem einzelne Rumpfsektionen der »Comet« bis zum Bersten druckgetestet wurden. Dabei arbeitete der Hersteller freiwillig mit einem Kabinendruck, der um das Zweieinhalbfache über dem von der britischen Zulassungsbehörde geforderten Wert lag. Die Kabinenfenster wurden sogar mit dem zehnfachen Sicherheitsfaktor getestet!
Als weitere Vorsichtsmaßnahme errichtete de Havilland eine Kältedruckkammer, in der ein »Comet«-Rumpf, inklusive Komponenten, einer simulierten Flughöhe von bis zu 21.000 Metern und einer Temperatur von minus 70 Grad Celsius ausgesetzt werden konnte. Schnell stellte sich heraus, dass diverse der bis dahin in der Luftfahrt üblichen Materialien für die geplanten D.H. 106-Flughöhen ungeeignet und durch Neuentwicklungen zu ersetzen waren.
Um 15:12 Uhr am Nachmittag des 2. Mai 1952 eröffnete BOAC feierlich das »Jet Age«. An jenem Tag startete die Comet 1 mit dem Kennzeichen G-ALYP am London Airport zum ersten Jet-Linienflug der Luftfahrtgeschichte. Auf Grund der relativ geringen Reichweite der Comet 1 musste die Maschine fünf Tankstopps auf dem Weg zwischen Großbritannien und Südafrika einlegen. So dauerte es 23 Stunden und 37 Minuten, bis »Yoke Peter« schließlich seinen Zielort Johannesburg in Südafrika erreichte. »Drei Minuten vor der geplanten Ankunftszeit«, wie die de Havilland Mitarbeiterzeitung aus dem Juni 1952 stolz bemerkt. Der ruhige Flug, den die neuen Jetmotoren ermöglichten, begeisterte die »Comet«-Passagiere der ersten Stunde so sehr, dass es an Bord üblich war, Geldstücke auf ihrem Rand zu balancieren oder Kartenhäuser zu bauen - bei den alten, rüttelnden Kolbenmotoren der bis dahin eingesetzten Propliner im Flug völlig unmöglich!
Es schien zunächst nichts den Erfolg der »Comet« aufhalten zu können. Die Vertreter der führenden Fluglinien der Welt gaben sich bei de Havilland die Klinke in die Hand. Eine zweite Endmontagelinie wurde, neben Hatfield, in

Das Flugdeck einer der beiden Comet 4 der BOAC, die 1958 das Jet-Zeitalter auf der Langstrecke eröffneten. (Foto: © Wolfgang Borgmann)

Die Comet 2 war die erste gestreckte Version der D.H. 106. Nach einer Absturzserie 1954 erhielt auch sie zeitweilig Flugverbot.
(Foto: © Sammlung Wolfgang Borgmann)

Die griechische Olympic Airways kooperierte beim Betrieb ihrer Comets eng mit der britischen BEA. (Foto: © Werner Friedli, CC BY-SA 4.0)

Dieses Foto des Prototyps der Comet 1 entstand 1954 auf dem südafrikanischen Flughafen Johannesburg. (Foto: © Transnet Heritage Foundation)

Mexicana setzte ihre Comet 4 sowie 4C überwiegend auf Routen nach Nordamerika ein. (Foto: © Jon Proctor)

Futuristisch warb de Havilland für Flüge an Bord ihrer Comet 1-Passagierjets. (Foto: © Sammlung Dave Robinson)

Chester geplant, um die zahlreichen Bestellungen zu produzieren. Neben Erstkundin BOAC erteilten Air India, Air France, British Commonwealth Pacific Airlines, Canadian Pacific, Japan Air Lines, Linea Aeropostal Venezolana, Pan American World Airways, Panair do Brasil und UTA Bestellungen für »Comet« der Versionen 1A, 2 &3.

Zwei Startunfälle mit Flugzeugen der BOAC und Canadian Pacific waren die unheilvollen Vorboten dessen, was sich kurz darauf ereignen sollte. Konnten diese Unfälle noch mit Jet-Unerfahrenheit der Piloten erklärt werden, schlug das Schicksal am 2. Mai 1953 erneut zu. Nur sechs Minuten nach dem Start in Kalkutta zerbrach die BOAC Comet 1 G-ALYV, was die Untersuchungsbehörden auf starke Turbulenzen in einem Gewitter zurückführten. Keiner der sechs Besatzungsmitglieder und 37 Passagiere überlebte die Katastrophe. Als Konsequenz aus diesem Unfall rüstete BOAC alle »Comet« mit Wetterradar aus, um Unwetter rechtzeitig erkennen zu können. Der Unfall in Karachi war fast in Vergessenheit geraten, als am 10. Januar 1954 die Nachricht vom Absturz der BOAC Comet 1 G-ALYP um die Welt ging. In einer Flughöhe von rund 8.100 Metern war der Funkverkehr zu der kurz zuvor in Rom gestarteten Maschine abgebrochen. Italienische Fischer hatten beobachtet, wie brennende Trümmer aus dem Himmel ins Meer fielen, doch selbst eine schnell eingeleitete Rettungsaktion konnte keinen einzigen Überlebenden bergen. Bei den Verantwortlichen herrschte zunächst Rätselraten über die Unglücksursache. Heute übliche »Black Box«-Aufzeichnungsgeräte der Cockpit-Gespräche sowie der Flugdaten zählten damals noch nicht zur Ausrüstung von Verkehrsflugzeugen. Sicherheitshalber legte BOAC ihre »Comet«-Flotte zeitweise still und wartete das Ergebnis der Unfall-Untersuchungskommission ab. Als wahrscheinlichste Unfallursache galt schließlich das Zerbersten der Fanschaufel eines der »Ghost«-Triebwerke. Nach über 50 technischen Modifikationen nahm BOAC am 23. März 1954 erneut den Flugbetrieb mit ihren Comet 1 auf.

Ohne eindeutige Unfallursache spekulierten die Flugexperten noch über den Absturz von G-ALYP, als sich die Ereignisse vom Januar am 8. April 1954 auf tragische Weise wiederholten. Wieder war es eine Comet 1, und wieder war Rom der Ausgangsflughafen. South African Airways hatte zu jenem Zeitpunkt G-ALYY von BOAC gechartert, als sich Flug SA201 nach dem Start in der italienischen Hauptstadt im Steigflug Richtung Süden befand. Die sieben Besatzungsmitglieder und 14 Passagiere hatten wie beim Absturz von G-ALYP keine Überlebenschance. Die Crew hatte erneut keine Zeit, einen Notruf abzusetzen, und das Flugzeug schien wie vier Monate zuvor auf mysteriöse Weise binnen Sekunden zerborsten zu sein.

Diesmal reagierten die Behörden konsequenter und entzogen der D.H. 106-Baureihe am 12. April 1954 die Verkehrszulassung. In einer beispiellosen Bergungsaktion wurde mit Unterstützung der britischen Royal Navy ein Großteil der zertrümmerten G-ALYP Struktur aus dem Mittelmeer gefischt und auf dem Gelände der damaligen Luftfahrt-Forschungseinrichtung Royal Aircraft Establishment (RAE) im britischen Farnborough wieder zusammengesetzt. Binnen sechs Wochen entstand parallel dazu ein 34 Meter langer und sechs Meter breiter Wassertank, der dem kompletten Rumpf der für einen Belastungstest bereitgestellten BOAC Comet 1 G-ALYU Platz bot. Dies war der erste Test eines vollständigen Rumpfes, denn de Havilland hatte zuvor immer nur einzelne Rumpf-Sektionen untersucht. Zudem waren die Kabinenfenster bei den früheren Versuchsreihen mit dem Luftfahrt-Spezialkleber Redux mit der Struktur verbunden worden – die Fenster der von BOAC eingesetzten Serienflugzeuge hingegen mit Stanznieten befestigt. Parallel dazu wurde die Comet 1 G-ANAV einem rigiden Flugtestprogramm unterzogen, um etwaige Defizite beim Flugverhalten der »Comet« zu ermitteln.

Die Tests unter der Leitung von Sir Arnold Hall, Vorsitzender des RAE, brachten schließlich die Gewissheit: Materialermüdung führte zum Bersten der »Comet«-Rümpfe – mit den tödlichen Folgen für Passagiere und Besatzungen. Die nachfolgende öffentliche Anhörung endete mit der Erkenntnis, dass die de Havilland-Ingenieure mit der D.H. 106 »Comet« so weit in technologisches Neuland vorgedrungen waren, dass sie die Gefahren nicht vorhersehen konnten. Um ähnliche Katastrophen zu verhindern, machten die britischen Behörden den Untersuchungsbericht mit allen technischen Details öffentlich bekannt, wodurch die auf tragische Weise gewonnenen Erkenntnisse direkt in die Entwürfe der Boeing 707 und Douglas DC-8 einfließen konnten. Eine Konsequenz aus den Ereignissen der Jahre 1953 und 1954 ist die Konstruktion von allen nachfolgenden Verkehrsflugzeugen nach dem so genannten »fail safe«-Prinzip. Gemäß dieser Philosophie der ausfallsicheren Bauweise darf das Versagen eines bestimmten Bauteils nicht zum Versagen des Gesamtsystems führen. Vielmehr muss ein anderes Bauteil dessen Funktion mindestens bis zur nächsten Routinekontrolle übernehmen können. Damit es nicht zur Katastrophe kommt, sorgen zudem Riss-Stopper dafür, dass sich ein Schaden nicht unkontrolliert in der Struktur ausbreiten und zu deren Versagen führen kann. So ist auf Grund der »Comet«-Unfallserie das Fliegen auch ein großes Stück sicherer geworden!

TECHNISCHE DATEN DE HAVILLAND D.H. 106 »COMET« 1

Länge: 28,35 m
Spannweite: 35,00 m
Höhe: 8,65 m
Motoren: 4 x De Havilland »Ghost« 50 Mk.1
Reisegeschwindigkeit: ca. 790 km/h
Reichweite: ca. 2.400 km

DE HAVILLAND D.H. 106 »COMET« 4C

Länge: 35,97 m
Spannweite: 35,00 m
Höhe: 8,99 m
Motoren: 4 x Rolls-Royce »Avon« 525B
Reisegeschwindigkeit: ca. 810 km/h
Reichweite: ca. 4.100 km

Linea Aeropostal Venezolana wollte mit Comet 2 ins Jet-Zeitalter starten. Nach Entzug der D.H. 106-Musterzulassung 1954 wurde daraus nichts. (Foto: © Sammlung Dave Robinson)

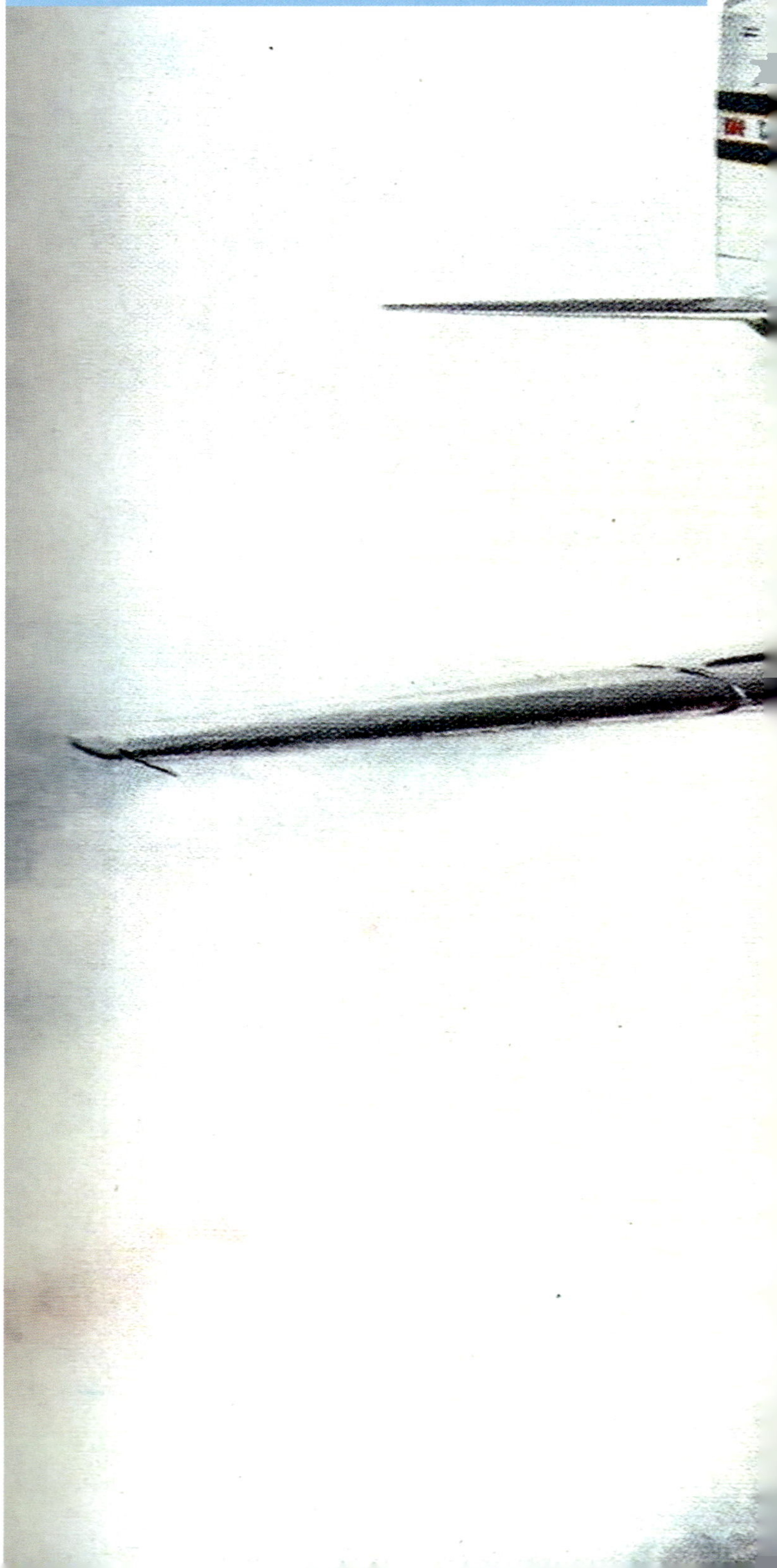

Das Museum der britischen Luftwaffe in Cosford ist Heimat dieser 1952 gebauten Comet 1A, die später zur Comet 1XB umgerüstet wurde.
(Foto: © Wolfgang Borgmann)

Mit Anzeigen wie dieser in Fachmagazinen und Tageszeitungen warb de Havilland für eine Reise an Bord ihrer Comet 1.
(Foto: © Sammlung Dave Robinson)

Amerikanischer Nachbau einer Me 262 des Flugmuseums Messerschmitt in Formation mit einer originalen MiG-15 in tschechoslowakischen Farben. (Foto: © Karelj, CC BY-SA 3.0)

In diesem Bild erkennt man die hohe aerodynamische Güte des Messerschmitt-Entwurfs. (Foto: © gravitat-OFF, CC BY 2.0)

Die Konstruktion der Me 262 war so modern, dass sie als Vorbild zahlreicher russischer und amerikanischer Nachkriegsmuster diente.
(Foto: © public domain)

MESSERSCHMITT 262
Der erste Düsenjäger

Sie war nicht das erste Düsenflugzeug mit Strahlantrieb – diese Ehre gebührt der Heinkel He 178 – aber der erste in Serie gebaute Jet: die Messerschmitt Me 262. Die Entwicklungsarbeiten an dem freitragenden Tiefdecker in Ganzmetallbauweise begannen im Oktober 1938 und neun Monate darauf legte Messerschmitt dem Technischen Amt im Reichsluftfahrtministerium (RLM) das Projekt unter der Bezeichnung P 1065 zur Begutachtung vor. Mit einer errechneten Geschwindigkeit von rund 900 km/h war die Maschine für die damalige Zeit eine Sensation. Nach dem Bau einer Attrappe des Führerraums im Dezember 1939, die vom RLM für gut befunden wurde, erhielt Messerschmitt am 1. März 1940 den Auftrag zur Produktion von zunächst drei Prototypen unter der neu vom RLM vergebenen Bezeichnung Me 262. Zu Beginn des Jahres 1941 war die erste Flugzeugzelle noch ohne die markanten, später unter den Flügeln in Gondeln angebrachten aber zu diesem Zeitpunkt noch nicht flugklaren Triebwerke des Typs BMW 003 fertig gestellt. Damit das Programm nicht in Verzug geriet verzichtete Messerschmitt zunächst auf die Verwendung von Strahltriebwerken und ließ Flugkapitän Fritz Wendel am 18. April 1941 mit einem Flugzeug an den Start gehen das provisorisch mit einem Jumo 210 G-Kolbenmotor im Bug ausgerüstet war. So wurde die aerodynamische Flugerprobung der Me 262 V1 ohne Düsenantrieb absolviert, bis die beiden ersten BMW P3302 (BMW 003 V) geliefert wurden und bis März 1942 in das Flugzeug installiert werden konnten. Am 25. März 1942 – fast ein Jahr nach dem ersten Probeflug hob Fritz Wendel erstmals mit Strahlantrieb auf dem Messerschmitt-Werksflugplatz Haunstetten bei Augsburg ab. Glück im Unglück war der Jumo 210 G sicherheitshalber im Bug der Me 262 V1 verblieben und lief während des Starts auf Volllast mit, denn kurz nach dem Abheben fielen beide Düsenmotoren gleich wieder aus. Der Grund für das Malheur war schnell gefunden: die Triebwerksschaufeln hielten der Startbelastung bei vollem Schub nicht Stand und waren gebrochen. Nachdem BMW keine betriebssicheren Ersatzmotoren liefern konnte nahm Messerschmitt dankbar das Angebot von Junkers an, zwei Jumo 004 A-0 an deren Stelle einzubauen und so die Flugerprobung fortzusetzen. Am Vormittag des 18. April 1942 startete Fritz Wendel auf dem Flugplatz Leipheim bei Ulm zum ersten hundertprozentig mit Düsenantrieb durchgeführten Flug einer Me 262 bei dem zuvor der Jumo 210 ausgebaut und durch die stromlinienförmige Bugverkleidung ersetzt wurde. Noch war die V1 mit einem Spornradfahrwerk ausgerüstet das ab dem fünften Prototypen wie bei allen Serienmaschinen durch ein modernes Bugrad-Fahrwerk ersetzt wurde. Das Flugerprobungsprogramm führte zu mehreren aerodynamischen Änderungen an Tragflächen und Rudern, die das Flugverhalten des Jets erheblich verbesserten. Nachdem die Me 262 V4 am 15. Mai 1943 dem Inspekteur der Jagdflieger, Adolf Galland, vorgeflogen wurde zeigte er sich so begeistert, dass sein positiver Bericht zu einer Beschleunigung des Entwicklungs-Programms führte. Obgleich die Maschine als Jagdflugzeug konzipiert war ordnete Adolf Hitler im November 1943 nach einem Vorführungsflug persönlich an, dass die eigentlich für diese Rolle ungeeignete Me 262 auch zum Jagdbomber umgebaut wird. Mit der V12, die eine Höchstgeschwindigkeit von 1.004 km/h erreichte endete schließlich der Bau von Musterflugzeugen und die Serienproduktion begann. Vor allem die Konstruktion des von Hitler geforderten Jagdbombers Me 262 A-2a »Sturmvogel« verzögerte um mehrere Monate die Entwicklung und Herstellung der Jagdflugzeug-Version Me 262 A-1a »Schwalbe« womit insgesamt zu wenige Maschinen gebaut wurden um nachhaltig in das Kriegsgeschehen eingreifen zu können.

Messerschmitt Me 262 wurden wie andere deutsche Beuteflugzeug nach Kriegsende in die USA verbracht und dort intensiv erprobt
(Foto: © public domain)

Technische Daten Messerschmitt Me 262 A-1a

Länge: 10,60 m
Spannweite: 12,51 m
Flügelfläche: 21,70 qm
Höhe: 3,83 m
Antrieb: 2 x Junkers Jumo 004 B-1 Strahltriebwerke
Leergewicht: 4.412 kg
Gesamtlast: 1.976 kg
Max. Startgewicht: 6.388kg
Dienstgipfelhöhe: 11.400 m
Höchstgeschwindigkeit: 870 km/h in 6.000 m Höhe
Reichweite: 1.020 km in 9.000 m Höhe
Flughöhe: 11.500 m

Die Triebwerksanordnung in Gondeln unter den Tragflächen war richtungsweisend, wie zahlreiche Entwürfe der Nachkriegszeit zeigten.
(Foto: © Karelj, CC BY 3.0)

Die Me 262 des Flugmuseum Messerschmitt im bayerischen Manching ist ein Nachbau aus den USA. Als Antrieb dienen zwei General Electric CJ610-Triebwerke. (Foto: © Messerschmitt Stiftung)

Von der Me 262 entstanden zu wenige Maschinen, als dass sie eine kriegsentscheidende Rolle hätte spielen können. (Foto: © Karelj, public domain)

Im Juli 1960 landet diese TF-104 des Jagdbombergeschwaders 31 »Boelcke« in Nörvenich und läutete die deutsche Starfighter-Ära ein.
(Foto: © 1960 Bundeswehr / Storz)

F-104 und T-38 der NASA 1975 in Formation. Die schwarzen Linien auf dem unter den Flugzeugen liegenden Rogers Dry Lake sind Landebahn-Markierungen.
(Foto: © NASA)

Diese YF-104A mit der Baunummer 55-2961 wurde am 9. Juli 1957 auf dem Rogers Dry Lake der Edwards Air Force Base aufgenommen.
(Foto: © NASA)

LOCKHEED F-104 »STARFIGHTER« Wunderwaffe und »Witwenmacher«

Die Geschichte der F-104 »Starfighter« geht auf eine Reise des kongenialen Lockheed-Flugzeugdesigners Kelly Johnson zu den Schlachtfeldern des Korea-Kriegs im Jahr 1952 zurück. Dort besuchte er die amerikanischen Luftwaffenpiloten die mit ihren Lockheed F-80 »Shooting Star«, Republic F-84 »Thunderjet« und North American F-86 »Sabre« im südkoreanischen Auftrag gegen die chinesischen und russischen Piloten in deren MiG-15 ankämpften, die stellvertretend für Nordkorea in den Krieg zogen. Gefragt, was sie sich von der nächsten Kampfjetgeneration der U.S. Air Force wünschten antworteten sie unisono: »mehr Geschwindigkeit und eine größere Flughöhe!« In die USA zurückgekehrt machte sich Johnson umgehend an die Arbeit. In den »Skunk Works«-Geheimlaboren der Lockheed Flugzeugwerke konnte er auf das beste Entwicklungsteam der Vereinigten Staaten zurückgreifen, das auch diesmal unter seiner Leitung ein herausragendes Flugzeugmuster an den Start brachte: den »Starfighter«. Vielleicht war dies sogar der einzige Kampfjet der jemals ausschließlich nach den Wünschen jener Piloten entworfen wurde die später mit ihm fliegen sollten. Schließlich hatte Johnson bei Beginn seiner Studien weder die Rückendeckung seines Arbeitgebers, noch einen Auftrag der amerikanischen Luftwaffe in der Tasche. Dies sollte sich auf unkonventionelle Weise nach Johnsons Besuch im US-Verteidigungsministerium ändern wo er auf drei führende Generäle der U.S. Air Force traf, die seinen Vorschlägen sehr offen gegenüberstanden. Colonel Bruce Keener Holloway, der ab 1965 zum Kommandeur der amerikanischen Streitkräfte in Europa ernannt wurde, verfasste binnen weniger Stunden auf knapp zwei Blatt Papier ein Dokument auf dem die Anforderungen an den nächsten Kampfjet der U.S. Air Force definiert waren und das er in dieser kurzen Zeitspanne von allen relevanten Stellen absegnen ließ. Als Kelly Johnson wieder in sein Büro gerufen wurde händigte ihm Holloway das Papier mit den Worten aus: »Hier sind Deine Anforderungen. Sieh zu, was Du damit anfangen kannst.« Johnson und sein Team ließen sich nicht zweimal bitten und entwarfen jene »bemannte Rakete« deren Stummelflügel mit der zweifachen Dicke einer Rasierklinge zum Markenzeichen der F-104 werden sollten. Selbst für hartgesottene Lockheed-Testpiloten wie Anthony W. »Tony« LeVier war der »Starfighter« zunächst gewöhnungsbedürftig. Ist doch überliefert, dass er beim ersten Anblick des Prototyps gefragt haben soll: »Und wo sind die Tragflächen?« Doch Kelly Johnson hatte genau das gebaut, wonach die amerikanischen Frontpiloten im Korea-Krieg gefragt hatten. Die F-104 war als erster Kampfjet in der Lage mit zweifacher Schallgeschwindigkeit im Geradeausflug zu fliegen und erreichte eine Flughöhe von über 15 Kilometern. Doch so einfach wie es klingt war die Entwicklung speziell der extrem dünnen Tragflächen selbst für die erfahrenen »Skunk Work«-Ingenieure nicht. Hilfesuchend wandte sich Kelly an die Air Force, die für einen Morgen im Korea-Krieg keine Lenkflugkörper abfeuerte und stattdessen sämtliche »eingesparte« Raketen zu den Lockheed-Flugzeugwerken im kalifornischen Burbank schickte. Eines Tages stapelten sich dort 460 Flugkörper, die Kelly allein aus Sicherheitsgründen umgehend vom Werksgelände entfernen und zur Edwards Air Force Basis verbringen ließ. Dort wurden sie mit verschiedenen Flügelmodellen versehen und zum Abschuss gebracht. So

konnte das Entwicklungsteam praxisnah untersuchen, wie sich die diversen Entwürfe bei bis zu zweifacher Schallgeschwindigkeit aerodynamisch verhielten. Um das Ergebnis auch auswerten zu können wurden die am Ende der kurzen Flüge zerstörten Raketen mit Kameras und Telemetrie zur Übertragung der Ergebnisse an eine Bodenstation in Echtzeit versehen.
Nach einer Entwicklungszeit von exakt einem Jahr und einem Tag startete Testpilot LeVier am 28. Februar 1954 zum Erstflug der F-104. Das Datum missfiel Kelly Johnson, der stets darauf erpicht war die Erstflüge seiner Entwürfe an seinem Geburtstag stattfinden zu lassen, aber am 27. Februar war die Maschine einfach noch nicht startklar. Bereits in der Erprobungsphase zeigten die Nachbrenner der extra für dieses Muster entwickelten General Electric J-79-Triebwerke jenes kritische Verhalten das im späteren Einsatz unter anderem auch Piloten der Bundeswehr zum Verhängnis werden sollte. Unvermittelt und ohne Zutun des Piloten öffneten sich die bei hoher Last zur Bündelung des Abgasstroms fast geschlossenen Schubdüsen was einen sofortigen Antriebs- und somit auch Kontrollverlust über das Flugzeug zur Folge hatte. Dies kostete sieben »Starfighter«-Piloten das Leben und war auch die Ursache des ersten Unfalls einer Bundeswehr-Maschine am 22. Mai 1962.
Eine weitere anfängliche Schwachstelle des F-104-Entwurfs war dessen Bordkanone. Bei zweifacher Schallgeschwindigkeit explodierte diese während eines Testflugs mit Anthony LeVier im Cockpit und kostete ihm um ein Haar das Leben. Nur mit viel Glück und Dank seiner großen Erfahrung gelang es dem Testpiloten den stark beschädigten »Starfighter« wieder sicher auf der Edwards Air Force Base zu landen. Weniger Glück hatte Lockheed-Testpilot Herman »Fish« Salmon als die Bordkanone in einer Flughöhe von 15.240 Metern und Überschall-Geschwindigkeit explodierte und dabei ein Loch in den Rumpf der F-104 riss. Binnen Sekunden strömte die in jener Flughöhe minus 80 Grad kalte Außenluft in die Kanzel und ließ das Visier seines Schutzanzugs gefrieren. Ohne die Instrumente erkennen zu können steuerte Salmon seinen »Starfighter« in niedrigere und somit wärmere Flughöhen bevor er sich mit dem Fallschirm rettete. Um den genauen Unfallhergang zu ermitteln willigte der Pilot ein, unter medizinischer Aufsicht das als »Wahrheitsserum« bekannte Sodium Pentothal einzunehmen das seine Erinnerung an die Geschehnisse im Detail zurückholte und Lockheed so half das Mysterium der explodierenden Bordkanonen aufzuklären.
Ursprünglich war die F-104 als leichter Abfangjäger konzipiert, wurde aber auf Anforderung der NATO-Mitgliedsstaaten und hier vor allem der Bundeswehr zum »Allround«-Jagdbomber, selbst für Angriffe auf Bodenziele im Tiefflug weiterentwickelt. Das erforderte eine Verdoppelung des ursprünglichen maximalen Startgewichts. Dennoch übertrafen die F-104G der Bundeswehr alle anderen zu jenem Zeitpunkt eingesetzten Flugzeugmuster der NATO-Staaten in Punkto Geschwindigkeit, Steigrate und Flughöhe.
Dass die F-104 in der Bundesrepublik Deutschland den zweifelhaften Ruf des »Witwenmachers« erhielt lag hingegen weniger am Flugzeugdesign selbst sondern vor allem an den damals kritischen Einsatzbedingungen der noch jungen westdeutschen Bundeswehr. So blieb in den Medien weitestgehend unbeachtet, dass die Luftwaffe auch 90 Maschinen der 450 zuvor eingesetzten Republic F/RF-84F »Thunderstreak« durch einen Unfall verloren hatte – im Vergleich zu 300 der 916 »Starfighter« von Luftwaffe

Auf dieser Aufnahme gut zu erkennen sind die drei externen Geräteträger der NASA-F-104 sowie die allgemein raketenhafte Form des Flugzeugs (Foto: © NASA)

Diese Maschine war eines der am Absturz der »Starfighter«-Formation am 19. Juni 1962 beteiligten Bundeswehr-Flugzeuge.
(Foto: © 1960 Bundeswehr / Storz)

F-104 der NASA kamen häufig als sog. »chase planes« zum Einsatz und begleiteten andere Testmaschinen in der Luft. (Foto: © NASA)

Ankunft einer F-104 der Luftwaffe beim International Air Tattoo 1983 im britischen Greenham. (Foto: © Rob Schleiffert, CC BY-SA 2.0)

NATO-Formation im Mai 1987. Im Uhrzeigersinn von links unten: F-104 und Tornado IDS der italienischen Luftwaffe, eine türkische TF-104G sowie eine A-7D Corsair II der U.S. Air Force. (Foto: © public domain)

Eine F-104 filmt die Landung dieser North American X-15 (im Vordergrund) auf dem Rogers Dry Lake. (Foto: © NASA)

und Marine. Von diesen 300 Unfällen mit F-104 waren 296 Abstürze bei denen 116 Piloten zu Tode kamen – darunter auch acht amerikanische Flieger. Die Ursachen für diese tragische Absturzserie waren vielfältig und lagen vor allem an einer Überforderung der unter großem Zeitdruck und somit unzureichend im Umgang mit diesem anspruchsvollen Fluggerät geschulten Piloten und Mechaniker, einem Mangel an Ersatzteilen und daraus resultierendem Einsatz flugunklarer Maschinen, dem Fehlen geeigneter Hallen zum Unterstellen der Flugzeuge wodurch das Material Wind und Wetter ausgesetzt war und störanfällig wurde sowie Materialprobleme bei der Fertigung was zu Systemausfällen beitrug. Eine tödliche Gefahr war auch das von Lockheed entwickelte Schleudersitz-Rettungssystem C2 das eigentlich die Piloten im Notfall aus dem Cockpit heraus in Sicherheit schießen sollte – jedoch zu tödlichen Unfällen führte wenn der Körperbau der Flugzeugführer von den für das System optimierten Standardmaßen abwich und diese zu groß, zu klein, zu schwer oder zu leicht waren. Erst die Einführung des neuen britischen Martin Baker-Schleudersitzes in den Jahren 1966/67 ermöglichte einen sicheren Ausstieg während des Fluges. Gelang es den Piloten ihren abstürzenden »Starfighter« unbeschadet im Notfall zu verlassen drohte ihnen auf Grund fehlerhaft ausgelegter Fallschirme der Ertrinkungstod wenn sie in Nord- oder Ostsee stürzten.

Die deutschen F-104G waren als Allwetterjäger und Nuklearbomber konzipiert und sollten gemäß der NATO-Doktrin der »massiven Vergeltung« im Angriffsfall des Warschauer Pakts ihre tödliche Last gleich einem Himmelfahrtskommando hinter die Angriffslinie tragen. Nach Unterzeichnung des Kaufvertrags zwischen der Bundesrepublik Deutschland und Lockheed am 18. März 1959 wurde die erste F-104G bereits im Februar 1960 in Dienst gestellt. Die erste »Starfighter«-Katastrophe ereignete sich am 19. Juni 1962 in Vorbereitung einer Flugschau anlässlich der Bildung des ersten F-104G-Geschwaders »Boelcke«. Der amerikanische Formationsführer der aus vier »Starfighter« bestehenden Kunstflugstaffel hatte sich bei schlechtem Wetter in der Flughöhe verschätzt und ließ die vier Maschinen im Formationsflug zu Boden stürzen. War dieses Unglück noch auf einen Pilotenfehler zurückzuführen nahm fast zeitgleich mit Indienststellung des Flugzeugtyps die Absturzserie ihren Anfang die allein im Jahr 1965 zu 27 Unfällen mit 17 Toten führte. Erst im Jahr darauf sorgte der neu eingesetzte Luftwaffeninspekteur General Johannes Steinhoff für jene besseren Einsatzbedingungen die zu einem massiven Rückgang der Unfallzahlen führten. Neben diesen technischen und operationellen Problemen ging der »Starfighter« vor allem auf Grund der gleichnamigen Politaffäre in die Geschichte der Bundesrepublik Deutschland ein. Im Mittelpunkt des »Lockheed-Skandals« stand der damalige Verteidigungsminister Franz Josef Strauß dem vorgeworfen wurde Schmiergelder im Gegenzug für die Bestellung der technologisch noch unausgereiften »Starfighter« angenommen zu haben. Begründet wurde dies mit der Aussage eines Lockheed-Lobbyisten der behauptete, dass Strauß und die bayerische CSU von ihm zehn Millionen D-Mark als Bestechungsgelder erhalten hätten. Strauß strengte daraufhin eine Verleumdungsklage an, die dazu führte, dass nun Aussage gegen Aussage stand. Weder dem späteren bayerischen Ministerpräsidenten noch anderen im Zusammenhang mit den Anschuldigungen genannten deutschen Spitzenpolitikern konnte eine Verfehlung nachgewiesen werden. Unter anderem weil Dokumente mit Beweislast aus unerfindlichen Gründen nicht mehr aufzufinden waren. Belegt werden konnte hingegen die Zahlung von Schmiergeldern durch Lockheed an die Regierungen Italiens, Japans sowie an das holländische Königshaus – was zum Rücktritt von König Bernhard der Niederlande führte. Er hatte belegbar 1,1 Millionen US-Dollar im Gegenzug für eine F-104-Bestellung der holländischen Luftwaffe von Lockheed angenommen. Während es in Europa ausschließlich um die Beschaffung von »Starfighter« für die italienischen und niederländischen Luftwaffen ging, war in Japan auch Schmiergeld für den Kauf von Lockheed L-1011 »TriStar«-Passagierflugzeugen für die japanische Inlandsfluglinie ANA geflossen. Ein Untersuchungsausschluss des amerikanischen Senats stellte 1975/76 fest, dass insgesamt 22 Millionen US-Dollar von Lockheed an Regierungen befreundeter Staaten gezahlt wurden um diese zum Kauf der eigenen Produkte zu bewegen. Die von diesem Skandal ausgehenden politischen Erschütterungen in den USA, Europa und Asien waren so groß, dass US-Präsident Jimmy Carter im Jahr 1977 den »Foreign Corrupt Practices Act« unterzeichnete der es amerikanischen Staatsbürgern seitdem grundsätzlich verbietet Schmiergelder an offizielle Vertreter ausländischer Regierungen zu zahlen.

Der »Starfighter« wurde unter anderem in der Bundesrepublik Deutschland in Lizenz gebaut. Standort der westdeutschen Endmontage im Rahmen der »Arbeitsgemeinschaft (ARGE) Süd« war das Messerschmitt-Werk im bayerischen Manching doch lieferten andere deutsche Flugzeugwerke Bauteile hinzu wie beispielsweise Heinkel und Dornier. Im Rahmen der »ARGE Nord« waren auch die Hamburger Flugzeugbau GmbH sowie Weserflug in Nordenham und Focke-Wulf in Bremen in die Produktion von F-104 eingebunden die Fokker in den Niederlanden produzierte. Von den 2.578 rund um den Globus hergestellten »Starfighter« kamen lediglich 296 Maschinen bei der U.S. Air Force zum Einsatz so dass die F-104 mehr ein internationaler »NATO-Jet« denn ein ausschließlich amerikanisches Muster gewesen ist. Im Jahr 1991 verabschiedete sich die Bundeswehr in Manching vom letzten Exemplar jenes Flugzeugmusters das von seinen deutschen Piloten einerseits geliebt – und andererseits für 108 von ihnen zur tödlichen Falle wurde.

Technische Daten Lockheed F-104G »Starfighter«

Länge: 16,66 m
Spannweite: 6,36 m
Höhe: 4,09 m
Antrieb: 1 x General Electric J79-GE-11A
Schubkraft: 1 x 70,28 kN
Leergewicht: 6.350 kg
Max. Startgewicht: 13.170 kg
Max. Geschwindigkeit: 2.200 km/h
Dienstgipfelhöhe: 15.240 m
Reichweite: 1.740 km (mit Zusatztanks)

Formationsflug einer NASA Boeing NB-52B und Lockheed TF-104G während eines Testprogramms. (Foto: © NASA)

Aufnahme aus dem Jahr 1965 der YF-104A (55-2961) mit einem zentral unter dem Rumpf angebrachten Pylon zur Aufnahme von Testgeräten.
(Foto: © NASA)

Das aus zwei sonderlackierten F-104 bestehende Kunstflugteam »Vikings« des Marinefliegergeschwaders 2 in Eggebek. (Foto: © Gerhard Lang)

Ein Luftwaffen-Tornado landet auf der Nellis Air Force Base bei Las Vegas zur multinationalen Übung Green Flag West im April 2018.
(Foto: © Bundeswehr / Johannes Heyn)

Mit gezündeten Nachbrennern hebt dieser Tornado von der jordanischen Luftwaffenbasis Al Azrak zum Einsatz ab.
(Foto: © Bundeswehr / Michael Wils-Kudiabor)

Bereit zum Einsatzflug im Rahmen der Mission »Counter Daesh«. Aufgenommen auf der Luftwaffenbasis im türkischen Incirlik am 28. Juni 2016. (Foto: © 2016 Bundeswehr / Thorsten Weber)

PANAVIA MRCA »TORNADO«
Pan-europäisches Erfolgsmodell

Was der Airbus auf ziviler Seite für die Kooperation der europäischen Luftfahrtindustrie bedeutete, war die Panavia MRCA gegen Ende der 60er-Jahre im Verteidigungssektor: das wichtigste pan-europäische Projekt im Bereich der militärischen Luftfahrt. Im Juli 1968 unterzeichneten British Aircraft Corporation (BAC), die holländischen Fokker-Flugzeugwerke, die italienischen Partner Aeritalia / Fiat sowie Bölkow und Messerschnitt auf deutscher Seite eine erste Absichtserklärung über die Entwicklung und die Produktion eines neuen europäischen Mehrzweckkampfflugzeugs. Nachdem Fokker kurz darauf die Planungsgruppe wieder verlassen hatte setzten die verbliebenen Firmen und Nationen ihre Vorplanungen fort, bis am 29. März 1969 mit der in München beheimateten Panavia Aircraft GmbH eigens für dieses pan-europäische Flugzeugprogramm ein Unternehmen gegründet wurde. British Aerospace hielt wie das mittlerweile zu Messerschmitt-Bölkow-Blohm (MBB) fusionierte deutsche Unternehmen je 42,5 Prozent der Anteile, während Aeritalia als Junior-Partner die übrigen 15 Prozent von Panavia übertragen wurden. Analog zum Flugzeugprogramm schlossen sich im Oktober 1969 Rolls-Royce (40%), Fiat Aviazione (20%) und die Motoren und Turbinen-Union MTU (40%) zur Entwicklung und Produktion des MRCA Zweistrom-Dreiwellen-Turbotriebwerks mit Nachbrenner RB 199 in der Turbo-Union Ltd. zusammen, die ihren Sitz zunächst im britischen Filton hatte. Zur Interessenswahrung der beteiligten Nationen wurde von diesen die »NATO Multi-Role Combat Aircraft Development and Production Management Organization« (NAMMO) ins Leben gerufen, die ihrerseits die »NATO Multi-Role Combat Aircraft Development and Production Management Agency« (NAMMA) mit der praktischen Umsetzung ihrer Wünsche beauftragte.

Nachdem die Formalitäten geklärt waren konnte im Mai 1970 die Entwicklung des MRCA offiziell beginnen. Das gemeinsame Ziel lautete einen europäischen Jäger zu bauen der über gute Kurzstart- und Landeeigenschaften verfügen und selbst mit Überschallgeschwindigkeit im Tiefflug unterhalb des gegnerischen Radars zum Einsatz gelangen sollte. Während die Armeen Deutschlands und Italiens eine »Interdiction Strike Version« (IDS) als Mehrzweck-Jagdbomber wünschten legte Großbritannien auf die Entwicklung eines Abfangjägers in der »Air Defence Version« (ADV) Wert. Das MRCA-Programm war zunächst auf den Bau von sieben Prototypen, sechs Vorserienflugzeugen und 805 Serienmaschinen ausgelegt. Davon sollte die deutsche Luftwaffe 212 Exemplare erhalten, die Marineflieger 112, die italienische Armee 100 und die britische Royal Air Force 220 in der IDS- und 165 in der ADV-Ausführung. Tatsächlich verließen zwischen 1973 und 1999 insgesamt 977 Maschinen die drei Fertigungslinien im britischen Warton, dem norditalienischen Turin und im bayerischen Manching die neben den drei NATO-Staaten auch von der Luftwaffe Saudi-Arabiens eingesetzt wurden. Neben den Basisversionen IDS und ADV sowie den diversen daraus abgeleiteten Weiterentwicklungen erhielt die Bundeswehr zusätzlich 35 zwischen 1990 und 1991 gebaute »Electronic-Combat-Reconnaissance« (ECR)-Maschinen zur Identifizierung und Bekämpfung feindlicher Radarstellungen.

Am 14. August 1974 erhob sich der Panavia MRCA-Prototyp P01 in

Manching zu seinem Erstflug, wurde im Monat darauf erstmals geladenen Gästen aus Politik, Militär und Presse im Flug vorgeführt – und erhielt bei dieser Gelegenheit seinen Namen »Tornado« unter dem er bis heute bekannt ist. Dieser Premiere folgte am 30. Oktober 1974 der Erstflug des britischen Prototyps P02 in Warton und jener des ersten »Tornado« aus dem italienischen Werk in Turin am 5. Dezember des Jahres. Während jedes der drei Endmontagezentren die Bestellungen der nationalen Armeen bediente, und in Großbritannien die für Saudi-Arabien bestimmten Jets endmontiert wurden, war die Fertigung der dafür erforderlichen Baugruppen auf die Luftfahrtindustrien der drei am »Tornado« -Projekt beteiligten Staaten aufgeteilt um möglichst effizient zu arbeiten und somit unnötige Kosten zu vermeiden. Nachdem die Bundesregierung am 7. April 1976 beschlossen hatte die 324 für Luftwaffe und Marine vorgesehenen Maschinen für 15,5 Milliarden Deutsche Mark zu erwerben konnte deren Serienproduktion starten. Am 27. Juli 1979 hob die erste Bundeswehr-Maschine in der Schulungsversion GT 001 zu ihrem Erstflug ab und diente zur Ausbildung der Piloten im »Tri-National Tornado Training Establishment« (TTTE) das eigens für das »Tornado«-Programm im britischen Cottesmore eingerichtet wurde. Ab Januar 1981 und bis März 1999 wurden hier sämtliche Piloten der britischen, italienischen und deutschen Streitkräfte auf diesem Flugzeugmuster geschult. Erster deutscher Einsatzverband war das 1993 wieder aufgelöste Marinefliegergeschwader 1 in Jagel das ab Sommer 1982 das Flugzeugmuster »Tornado« einsetzte.

Herausragendes Merkmal dieses Musters ist seine Fähigkeit in Baumwipfelhöhe bei fast jedem Wetter zu fliegen. Dies ermöglicht sein Geländefolgeradar, das einem dem Geländeprofil angepassten Tiefflug per Autopilot in 60 Metern erlaubt – manuell vom Piloten gesteuert sogar in nur 30 Metern! Neben den »ECR«-Tornados setzt die Luftwaffe auch so genannte, ebenfalls aus der »IDS«-Version abgeleitete »Tornado Recce« ein, die in einem Behälter unter dem Rumpf Geräte zur optischen und Infrarot-Aufklärung mitführen. Seit 2009 nutzt die Luftwaffe das weiter entwickelte »RecceLite«-System, das eine wesentlich höhere Qualität der Aufklärungsergebnisse und eine verbesserte Auswertungsmöglichkeit bietet. So können per »RecceLite« die bei Tages- und Nacheinsätzen gewonnen Daten in Echtzeit an eine Bodenstation übermittelt werden und stehen so wesentlich früher zur taktischen Auswertung bereit.

Technische Daten Panavia »Tornado«

Länge: 17,23 m
Spannweite bei 25 Grad Pfeilung: 13,91
Spannweite bei 67 Grad Pfeilung: 8,56 m
Flügelfläche bei 25 Grad Pfeilung: 31 qm
Höhe: 5,95 m
Antrieb: 2 x Turbo-Union RB199-34R Mk. 103 (IDS) Mk. 105 (ECR)
Schubkraft: 2 x 67 – 69 kN mit Nachbrenner
Leergewicht: 14.010 kg
Max. Startgewicht: 28.500 kg
Max. Geschwindigkeit: 2.400 km/h

Das Leitwerk eines sonderlackierten Luftwaffen-Tornado für das »NATO Tiger Meet 2003« im französischen Cambrai.
(Foto: © Wolfgang Borgmann)

Dieselbe Maschine in ganzer Pracht von vorne. Sie gehörte zum Aufklärungsgeschwader 51 »Immelmann«. (Foto: © Wolfgang Borgmann)

Start zur Übung »Green Flag West«. Der Tornado trägt einen Laser-Zielmarkierer und eine lasergelenkten Bombe des Typs GBU-24. (Foto: © Bundeswehr / Johannes Heyn)

Ein Tornado IDS ASSTA 3.0, bestückt mit dem Lenkflugkörper »Taurus« 2017 im Rahmen der Übung »Two Oceans« im südafrikanischen Bredasdorp. (Foto: © Bundeswehr / Andrea Bienert)

Die NASA setzte zwei X-29 auf ihrem umfangreichen Testprogramm zur Untersuchung der Vor- oder Nachteile eines Kampfjets mit negativ gepfeilten Tragflächen ein. (Foto: © NASA)

Mit der X-29 erprobten NASA und USAF das Handling eines Kampfjets mit negativ gepfeilten Tragflächen intensiv. Eine gewöhnungsbedürftige Erscheinung. (Foto: © NASA)

Von Generatoren im Bug erzeugter Rauch lässt die Wissenschaftlicher erkennen wie sich der Luftstrom über dem Rumpf und den Tragflächen der X-29 verhält. (Foto: © NASA)

GRUMMAN X-29
Der Experimentaljet

Im Jahr 1977 starteten die für Forschungsprojekte der amerikanischen Streitkräfte zuständige Behörde DARPA und die amerikanische Luftwaffe eine Ausschreibung für ein Forschungsflugzeug mit negativ gepfeilten Flächen. Die Maschine sollte in der Theorie nachgewiesene Vorteile dieser Auslegung hinsichtlich Steuerbarkeit in extremen Flugmanövern, einen verbesserten Auftrieb und geringeren Luftwiderstand sowie den daraus resultierenden niedrigeren Verbrauch bestätigen. Im Dezember 1981 wurde die Grumman Corporation als Projektpartner ausgewählt und erhielt einen Auftrag über 87 Millionen US-Dollar zur Herstellung von zwei Versuchsflugzeugen. Sie standen in der langen Tradition der NASA X-Testflugzeuge, die 1946 mit dem Erstflug der Bell X-1 ihren Anfang nahm. Als die erste X-29 am 14. Dezember 1984 zum Jungfernflug an den Start rollte setzte sie die zuvor für mehr als zehn Jahre ausgesetzte X-Reihe fort. Die zweite Maschine folgte mit größerem, zeitlichen Abstand am 23. Mai 1989 und wurde wie ihr Schwesterflugzeug am Ames-Dryden-Forschungszentrum der NASA stationiert.

Die Grumman X-29 war neben der Junkers Ju-287, der HFB 320 Hansa Jet und der Sukhoi Su-47 eines jener vier Jetflugzeugmuster die bislang mit stark nach vorne gepfeilten Tragflächen gebaut wurden. Die beiden X-29 kamen ausschließlich als Experimentalmaschinen für die NASA zum Einsatz und absolvierten zwischen 1984 und 1992 total 437 Flüge auf denen DARPA, die amerikanische Luftwaffe, die NASA und Grumman als Flugzeugersteller die einmotorigen Jets auf Herz und Nieren testeten. Unter anderem wurde die Verwendung von leichten Verbundwerkstoffen, das Flugverhalten eines extrem dünnen, nach vorne gepfeilten Flügels in Kombination mit am Vorderrumpf montierten »Canard«-Entenflügeln sowie das Computer gestützte »Fly-by-wire«-Flugsteuerungssystem untersucht. Die Steuerflächen der X-29 bestanden einerseits aus den Entenflügeln, die auch zum Auftrieb des Flugzeugs beitrugen, andererseits aus kombinierten Querrudern und Landeklappen, die an den Hinterkanten der Hauptflügel angeordnet waren. Dieses Layout war aerodynamisch so komplex, dass die X-29 im Flug instabil war und nicht mehr ohne Computerunterstützung geradeaus fliegen konnte. Was zunächst negativ klingt war durchaus von ihren Konstrukteuren so gewollt da auf diese Weise wesentlich schneller extreme Flugmanöver eingeleitet werden können zu denen ein manuell von den Piloten direkt kontrolliertes Flugzeug nicht im Stande gewesen wäre – ein Vorteil den beispielsweise auch der instabil konstruierte Eurofighter »Typhoon« der Bundeswehr nutzt.

Was bereits dem Hamburger Hansa Jet zu Gute kam war auch ein Erfolgsgeheimnis der X-29: der nach vorne gepfeilte Flügel hat die aerodynamische Eigenschaft, dass die Flügelspitzen auch bei geringen Geschwindigkeiten länger von der Luft umströmt werden und Auftrieb liefern als bei einer konventionell gebauten Tragfläche. Dies ermöglichte es den Piloten der X-29 in extrem engen Kurven oder im Steigflug sehr langsam zu fliegen und dennoch die volle Kontrolle über das Flugzeug zu behalten. Am 13. Dezember 1985 durchbrach eine X-29 als erster Jet mit negativ gepfeilten Flächen im Geradeausflug die Schallgrenze. Die Flugtests ergaben zudem, dass die gewählte Auslegung der Tragflächen in Kombination mit den

Entenflügeln von der digitalen Flugsteuerungssoftware sicher zu handhaben ist und auch enge Kurven mit hohen Beschleunigungskräften gestattet.
Ziel der Flugversuche war es jedoch nie die X-29 in einen aktiven Kampfjet der amerikanischen Streitkräfte weiter zu entwickeln. Vielmehr fließen die zwischen 1984 und 1992 von der NASA gesammelten Daten in das Design neuer Kampfflugzeuge der USA ein.
Von den 437 durch die beiden X-29 absolvierten Flügen waren 422 Forschungseinsätze die neben den Flugeigenschaften auch die Verwendung moderner Faserverbundwerkstoffe untersuchten. Die in den 70er-Jahren erstmals für den Flugzeugbau entwickelten Materialien waren fester und leichter als bis dahin verwendete konventionelle Metalle und widerstanden zudem wesentlich größeren aerodynamischen Belastungen. Rückblickend stellte die NASA fest, dass die Auslegung mit vorgepfeilten Flügeln zwar vielversprechend sei, die Flugversuche jedoch nicht die erhoffte Reduzierung des Luftwiderstandes bestätigen konnten. Nach Abschluss der Testreihe wurde X-29 Nummer 1 dem Museum der amerikanischen Luftwaffe in Dayton, Ohio, vermacht, während Flugzeug Nummer 2 im Armstrong Flight Research Center der NASA ausgestellt ist.

Technische Daten Grumman X-29

Länge: 14,66
Spannweite: 8,29 m
Höhe: 4,27 m
Antrieb: General Electric F404-GE-400
Maximale Geschwindigkeit: Mach 1.6
Maximale Flughöhe: 15.240 m
Leergewicht: 6.168 kg
Max. Startgewicht: 8.000 kg

Das Instrumentenbrett der Grumman X-29 war konventionell mit Analoginstrumenten ausgestattet. (Foto: © NASA)

1993 entstand dieses einmalige Testflugzeug-Gruppenfoto (v.l.n.r.): North American X-15, McDonnell Douglas F-18B, Lockheed SR-71A, Rockwell-MBB X-31 und Grumman X-29. (Foto: © NASA / Dutch Slager)

Seit den 40er-Jahren wurden bislang lediglich vier Jet-Muster mit negativ gepfeilten Tragflächen konstruiert. (Foto: © NASA)

Die zweite X-29 beim Testflug. Am Heck ist ein Trudelschirm installiert, um das Flugzeug im Notfall abzufangen. (Foto: © NASA / Mike Smith)

Eine F-14 im Jahr 2002 mit einer lasergelenkten Bombe am Rumpf. Als Bomber kam die »Tomcat« erst in ihren letzten Dienstjahren zum Einsatz.
(Foto: © U.S. Navy / Captain Dana Potts)

1991 eskortiert eine F-14 diese riesige Tupolew Tu-95 »Bear G«. Zu solchen Begegnungen kam es im Kalten Krieg sehr regelmäßig.
(Foto: © public domain)

Auf der USS »Theodore Roosevelt« wird 2002 diese F-14 startklar gemacht. Beachtenswert die riesigen und angewinkelten Lufteinläufe. (Foto: © U.S. Navy / Mate 3rd Class Amy DelaTorres)

GRUMMAN F-14 »TOMCAT«
Top Gun

Als im Jahr 1986 der Action-Film »Top Gun – Sie fürchten weder Tod noch Teufel« in den Kinos Premiere hatte spielte neben Hauptdarsteller Tom Cruise, alias Lieutenant Pete »Maverick« Mitchell vor allem seine auf dem Flugzeugträger USS Enterprise stationierte Grumman F-14 »Tomcat« die Hauptrolle in diesem Action-Film um militärisches Heldentum und Liebe. Damals in der Kritik, da das US-Verteidigungsministerium die Produktion finanziell und logistisch unterstützte, entstanden durch diese militärische Förderung jedoch auch beeindruckende Flugaufnahmen der Navy F-14. Die ersten »Tomcats« wurden ab 1974 auf den Flugzeugträgern der United States Navy eingesetzt. Den Anfang machten im September des Jahres die an Bord der »USS Enterprise« stationierten F-14-Staffeln VF-1 »Wolfpack« und VF-2 »Bounty Hunters«. Insgesamt lieferte Grumman 478 Maschinen des Typs F-14A an die Navy, die im Werk Calverton montiert wurden. Zudem bestellte der Iran noch zu vorrevolutionären Zeiten weitere 80 der über Mach 2 schnellen, mit Schwenkflügeln ausgerüsteten Kampfflugzeuge, die nach dem amerikanischen Konteradmiral Thomas »Tomcat« Connelly benannt wurden der sich gegen interne Widerstände in der Armeeführung für die Entwicklung der F-14 stark gemacht hatte. Auf das Basismodell F-14A folgten diverse Weiterentwicklungen wie die F-14A+/B mit schubstärkeren General Electric GE F110-400-Triebwerken. Die F-14D erhielt neben den neuen Motoren auch eine verbesserte Avionik und ein modernes Glascockpit mit Bildschirmanzeigen der Flugführungsinstrumente. Die F-14A (Upgrade) sowie F-14B (Upgrade) waren erstmals in der Lage neben ungelenkten Bomben auch präzisionsgelenkte Munition abzufeuern. Damit einher ging eine digitale und strukturelle Verbesserung der Maschinen. Nochmals verbesserte, als »Super Tomcat« oder »Super Tomcat 21« angebotene Versionen wurden von der U.S. Navy nicht bestellt, sondern alternativ die 1995 erstmals geflogene und von Boeing nach der Fusion mit McDonnell Douglas im Jahr 1997 zur Serienreife gebrachte F/A-18E/F »Super Hornet« bestellt. Nachdem im September 2001 das erste Exemplar einer »Super Hornet« in Dienst gestellt wurde und die neuen Jets in großen Stückzahlen bei der U.S. Navy eintrafen waren die Tage der F-14 gezählt. Am 22. September 2006 verabschiedete sich die amerikanische Marine im Rahmen einer feierlichen Zeremonie von ihrer letzten F-14 »Tomcat« die nicht zuletzt dank »Top Gun« und Tom Cruise für lange Zeit in der Erinnerung der Öffentlichkeit als Symbol für ein modernes Trägerflugzeug der U.S. Navy stehen wird. Nachdem die amerikanische Marine ihre Maschinen verschrottet, beziehungsweise Museen übereignet hat waren die Maschinen der iranischen Luftwaffe im Sommer 2019 die einzigen einsatzfähigen Exemplare dieses Musters.

SUPERFIGHTER

Technische Daten
Grumman F-14A »Tomcat«

Länge: 19,10 m

Spannweite: 11,65 m

Flügelfläche: 52,49 qm

Höhe: 4,88 m

Antrieb: 2 x Pratt & Whitney TF-30P-412A

Schubkraft: 2 x 92,9 kN

Leergewicht: 18.191 kg

Max. Startgewicht: 32.805 kg

Max. Geschwindigkeit: 2.517 km/h

Reichweite: 1.400 km

Asymmetrisches Luftkampftraining zwischen einer F-14A und T-38A der VF-43 »Challengers«. (Foto: © public domain)

Dieser Aufklärer vom Tupolew Tu-95RT »Bear D« fliegt unter den wachsamen Augen einer F-14, nachdem er in der Nähe des Trägers aufgespürt wurde. (Foto: © U.S. Navy)

Mehrere F-14 warten, bis sie von der KC-10A »Extender« betankt werden. Man erkennt, wie groß die »Tomcat« war. (Foto: © U.S. Navy)

Eine Rotte von F-14 über dem Irak im Jahr 2003. Noch heute wirkt die Linienführung der »Tomcat« dynamisch und aggressiv. (Foto: © public domain)

Großbritannien gehört im Eurofighter-Programm zu den Partnern der ersten Stunde – und so zählt dieser Flugzeugtyp auch zur Standardausrüstung der Royal Air Force. (Foto: © Eurofighter)

Eurofighter »Typhoon« während einer Flugvorführung. Die Maschine kann eine beachtliche Waffenlast tragen. (Foto: © Eurofighter)

An der Eurofighter Jagdflugzeug GmbH mit Sitz in Bayern sind die britische BAe Systems, Airbus Defence & Space und die italienische Leonardo Aircraft Division beteiligt. (Foto: © Eurofighter)

SUPERFIGHTER

EUROFIGHTER »TYPHOON«
Europas Wirbelwind

Der Eurofighter »Typhoon« ist das aktuell größte europäische Militärprogramm das alle vier daran beteiligten Nationen – Großbritannien, Deutschland, Spanien und Italien – in ihren jeweiligen Luftwaffen einsetzen. Von Anfang an stand bei der Spezifikation des ursprünglich als »Jäger 90« bezeichneten pan-europäischen Joint-Ventures dessen universelle Einsetzbarkeit bei unterschiedlichen Streitkräften und deren voneinander abweichenden Anforderungen an ein modernes Jagdflugzeug im Vordergrund. Am 8. August 1986 startete der British Aerospace EAP-Technologieträger zu seinem Erstflug den BAe Systems, Messerschmitt-Bölkow-Blohm, Aeritalia und CASA gemeinsam entwickelt hatten. Anhand dieses Experimentalflugzeugs wurden zahlreiche Systeme und vor allem die Struktur von Rumpf und Tragflächen aus Kohlefaser verstärktem Kunststoff auf ihre Einsatztauglichkeit im nachfolgenden Eurofighter hin getestet.
Die Konstruktion der Eurofighter »Typhoon«-Prototypen begann im Jahr 1989 parallel zum Beschluss die Endmontagelinien der Serienflugzeuge bei BAe Systems in Warton, EADS Deutschland (heute Airbus Defence & Space) im bayerischen Manching, Leonardo – Aircraft Division in Turin sowie EADS CASA (heute Airbus Defence & Space) in Getafe bei Madrid einzurichten. 1994 war nicht nur das Jahr der Erstflüge des Prototyps »DA1« in Deutschland und der »DA2« in Großbritannien sondern auch der gemeinsamen Festlegung der Luftwaffenkommandeure Deutschlands, Spaniens, Großbritanniens und Italiens auf ihr Anforderungspaket an das neue Waffensystem. Weitere zwei Jahre vergingen bis sich die beteiligten Nationen final über die Bauanteile am »Eurofighter« einig wurden. Im Jahr 1997 hob ein Vorserienflugzeug in Manching bereits zum 500. Testflug als Teil eines umfassenden Zulassungsprogramms inklusive Tests der Luft-zu-Luft-Betankung und der Bordwaffen ab. Nach dessen erfolgreichem Abschluss wurden die ersten »Typhoon« zwischen 2003 und 2005 bei den Luftwaffen der vier Partnernationen in Dienst gestellt.
Im Jahr 2005 unterzeichneten Großbritannien und Saudi Arabien eine Absichtserklärung über die Ablösung der saudischen MRCA »Tornado« durch moderne Eurofighter. Doch noch vor deren Auslieferung in 2008 erhielt Österreich seine ersten Jets, deren Bestellung von einer Schmiergeldaffaire überschattet war die als »Eurofighter-Affäre« die österreichische Politik erschütterte. Den ersten Kampfeinsatz flogen »Typhoon« der britischen Royal Air Force am 21. März 2011 in Libyen zur Durchsetzung einer Flugverbotszone als Teil der »Odyssey Dawn«-Operation unter dem Kommando der Vereinten Nationen. So sollte das damalige Gaddafi-Regime davon abgehalten werden Luftschläge gegen die eigene Bevölkerung durchzuführen. Im Verlauf des von der Royal Air Force »Operation Ellamy« genannten Einsatzes absolvierten die britischen »Typhoon« 3.000 Flugstunden und starteten über einen Zeitraum von sechs Monaten zu mehr als 600 Flügen.
Weitere Meilensteine des Eurofighter-Programms war die Auslieferung des 300. Flugzeugs an die spanische Luftwaffe im November 2011 und die Bestellung von zwölf »Typhoon« durch das Sultanat von Oman im Jahr darauf. 2013 übernahm die deutsche Luftwaffe den 400. gebauten Eurofighter während 2014 weitere vertraglich vereinbarte, im zwei- bzw. vierjährigem Rhythmus durchzuführende System-Updates die Flugzeuge

bis in die Gegenwart immer leistungsfähiger machen. Weitere Kunden aus dem Mittleren Osten kamen 2016 und 2017 hinzu als der Golfstaat Kuwait im April 2016 28 »Typhoon« zur Modernisierung der eigenen Luftwaffe orderte die von der italienischen Endmontagelinie voraussichtlich im vierten Quartal 2020 ausgeliefert werden. Am 10. Dezember 2017 gab Eurofighter bekannt, dass BAe Systems mit dem Emirat Katar einen Vertrag über 24 »Typhoon« abgeschlossen hat.

An der Eurofighter Jagdflugzeug GmbH sind die britische BAe Systems mit 33%, der deutsche Teil von Airbus Defence & Space mit ebenfalls 33 Prozent, der spanische Part von Airbus Defence & Space mit 13 Prozent und die italienische Leonardo – Aircraft Division mit 21 Prozent beteiligt. Das im bayerischen Hallbergmoos beheimatete Unternehmen koordiniert das Programm auf industrieller Seite, während die NATO Eurofighter und NATO Tornado Management Agency (NATO/NETMA) zentrale Anlaufpunkte für Kunden und Regierungsstellen sind.

Der Eurofighter wird mit fortschrittlichen Kohlefaser-Verbundmaterialen gebaut, die einerseits eine starke Flugzeugzelle, andererseits aber auch ein geringes Radarprofil gewährleisten. Lediglich 15 Prozent der Flugzeugaußenhaut sind aus Metallen wie Titan, einer Aluminium-Lithium Legierung und Aluminium gefertigt, um dem Jet »Stealth«-Eigenschaften zu verleihen. Die Luftwaffen-Piloten der vier am Eurofighter-Programm beteiligten Nationen wurden seit der Frühphase der Flugzeugentwicklung an dessen Designentwurf beteiligt. Mit ihrem Input entstand ein absichtlich mit instabilen Flugeigenschaften konstruiertes Flugzeug das sich durch hervorragende Flugeigenschaften im Unter- und Überschallbereich auszeichnet.

Wie das Flugzeug selbst ist auch sein Antrieb in pan-europäischer Kooperation zwischen vier führenden Unternehmen der Triebwerksbranche entstanden. Das Gemeinschaftsunternehmens Eurojet Turbo GmbH hat wie die Eurofighter Jagdflugzeug GmbH ihren Sitz im bayerischen Hallbergmoss. An ihr halten die britische Rolls-Royce und die deutsche MTU je 33 Prozent der Anteile, die italienische Avio Aero 21 Prozent und die spanische ITP 13 Prozent. Jeder der beiden EJ200-Turbofans liefert ohne Nachbrenner einen maximalen Schub von 90 kN. Die Triebwerke sind so ausgelegt, dass sie 1.000 Flugstunden ohne ein ungeplantes Wartungsereignis eingesetzt werden können, was Mittels eines fortschrittlichen Triebwerks-Überwachungssystems erreicht wird.

Technische Daten Eurofighter »Typhoon«

Länge: 15,95 m
Spannweite: 10,95 m
Flügelfläche: 50 qm
Höhe: 5,28 m
Antrieb: 2 x Eurojet EJ200 Turbofans
Schubkraft: 2 x 90 kN
Leergewicht: 11.000 kg
Max. Startgewicht: 23.500 kg
Max. Geschwindigkeit: Mach 2.0
Flughöhe: über 16.800 m
Reichweite: 1.390 km

Der erste Eurofighter für die Luftwaffe des Oman. Das westlich orientierte Sultanat befindet sich im Osten der arabischen Halbinsel und genießt daher große strategische Bedeutung. (Foto: © Eurofighter)

Zum NATO Tiger Meet 2018 in Polen erhielten diese drei Eurofighter der Luftwaffen Italiens (oben), Deutschlands (Mitte) und Spaniens (vorne) die üblichen aufsehenerregenden Sonderlackierungen. (Foto: © Eurofighter / Giovanni Colla)

Die B-17G »Shoo Shoo Shoo Baby« flog sowohl im Passagierdienst und im Anschluss auch als Patrouillenflugzeug der dänischen Luftwaffe. (Foto: © SAS)

Insgesamt 68 Besatzungen mussten mit ihren B-17 im neutralen Schweden notlanden, nachdem Kampfschäden oder technische Defekte eine Rückkehr zur Basis in Großbritannien verhinderten. (Foto: © Saab Veteran Club)

Das Flugdeck der »Fliegenden Festungen« wurde von Saab nur marginal für den Einsatz als Airliner angepasst. (Foto: © Saab)

BOEING B-17
Die »Fliegende Festung«

Kurz vor Ausbruch des Zweiten Weltkriegs stand es um Boeing nicht zum Besten. Während Lockheed sein Erfolgsmodell »Lodestar« in zivilen und militärischen Ausführungen rund um den Globus verkaufte und Douglas mit der DC-3 einen Bestseller ohne Gleichen gelandet hatte dümpelten die Aufträge für Boeing-Maschinen vor sich hin. Das Unternehmen machte weder an seinem Passagierflugzeug 247 noch an dem viermotorigen 307 »Stratoliner«, von dem lediglich zehn Flugzeuge in Seattle gebaut wurden, auch nur einen Cent Gewinn. In den ersten neun Monaten des Jahres 1939 hatte sich der Schuldenberg bei Boeing auf 2,6 Millionen US-Dollar aufgetürmt und selbst militärische Aufträge schienen in der ersten Hälfte des Jahres in weite Ferne gerückt. Schließlich hatte das für Rüstungsprogramme zuständige »United States Department of War« Boeing zunächst keine Bestellungen für die Finanzperiode 1940/41 in Aussicht gestellt. Doch die dunklen Wolken des bevorstehenden Zweiten Weltkriegs waren unübersehbar, bis der Einmarsch der deutschen Armee in Polen am 1. September 1939 das Fass zum Überlaufen brachte und Frankreich sowie Großbritannien zwei Tage später gemeinsam Nazideutschland den Krieg erklärten. Noch verhielten sich die USA neutral und die kriegerischen Auseinandersetzungen waren auf Europa beschränkt, doch der Bedarf nach einem viermotorigen Bomber zur Selbstverteidigung des amerikanischen Territoriums und zur Unterstützung der gegen Nazideutschland kämpfenden Nationen war dringender denn je – und Boeing hatte mit der aus dem Prototypen Boeing 299 weiter entwickelten B-17 die passende Antwort!
Was dem Flugzeughersteller jedoch fehlte waren die passenden Produktionsanlagen um eine große Zahl an Flugzeugen in kurzer Zeit herstellen zu können. Bereits vor dem deutschen Überfall auf Polen und parallel zu den Vorbereitungen des Erstflugs des ersten B-17B-Serienmodells am 29. Juli 1939 nahm das Boeing-Management Kontakt zu Consolidated Aircraft in San Diego mit dem Ziel auf, in Kalifornien eine zweite Endmontagelinie in Lizenz gebauter B-17 zu etablieren. Doch dort winkte man in Erwartung großer Bestellungen der eigenen B-24 »Liberator« dankend ab.
Nachdem die amerikanische Regierung einem großen viermotorigen Bomber vor dem 1. September 1939 ablehnend gegenüberstand, da man defensiv dachte und andere Staaten nicht bedrohen wollte, änderte der Einmarsch deutscher Truppen in Polen diese Maxime der US-Verteidigungspolitik quasi über Nacht. Noch im Herbst 1939 erhielt Boeing den Auftrag über zunächst 38 Maschinen der weiter entwickelten Ausführung B-17C zur Auslieferung im Folgejahr. Ihr folgte auf den Fuß die nochmals verbesserte »D«-Version mit 1.200 P.S. Leistung jedes ihrer vier Curtiss Wright »Cyclone«-Sternmotoren. Nachdem deutsche Truppen am 14. Juni 1940 die französische Hauptstadt Paris eingenommen hatten orderte der für Bestellungen der amerikanischen Luftwaffe während des Zweiten Weltkriegs verantwortliche Major General Oliver P. Echols umgehend 512 B-17E bei Boeing und kündigte gleichzeitig »eine große Zahl weiterer Bestellungen« an. Diese Menge konnte nur bewältigt werden nachdem Douglas und das Lockheed-Tochterunternehmen Vega ebenfalls in die B-17-Produktion eingestiegen waren.
Im Dezember 1941, als die USA durch den japanischen Angriff auf Hawaii

und die Kriegserklärungen seitens Nazideutschlands und Italiens in die Wirren des Zweiten Weltkriegs hineingezogen wurde, wurde die erste B-17E von der frisch gegründeten und aus dem U.S. Army Air Corps hervorgegangenen U.S. Army Air Force übernommen. In die »E«-Version des Bombers waren alle Einsatzerfahrungen britischer Piloten aus dem europäischen Kriegsschauplatz mit den vorherigen Mustern eingeflossen, was zu einer teilweisen Neukonstruktion des Hecks geführt hatte. Im Jahr 1942 folgten die nochmals verbesserten B-17-Versionen »F« und »G« vor mit der als Rettungsflugzeug und mit Rettungsbooten sowie Suchradar ausgerüsteten B-17H die letzte Variante der »Fliegenden Festung« an den Start ging, die auch nach Ende des Zweiten Weltkriegs zunächst weiter hergestellt wurde. Wie von den meisten anderen militärischen Flugzeugmustern so existierten auch von der B-17 unzählige Ausführungen wie die mit Spezialkameras als Fernaufklärer eingesetzte und aus der B-17F abgeleitete F-9. Insgesamt wurden 12.726 Exemplare des wohl berühmtesten Bombers des Zweiten Weltkriegs hergestellt. Davon 6.981 von Boeing in Seattle sowie 2.995 in Lizenz bei Douglas und 2.750 im Vega-Werk von Lockheed. Da immer mehr Männer aus der Produktion zum Kriegsdienst eingezogen wurden übernahmen Frauen ihre Arbeit in den Endmontagelinien. Während im März 1942 nur 2,6 Prozent der Fabrikangestellten weiblichen Geschlechts waren, lag die Quote im Dezember des Jahres bereits bei 42 Prozent – und ein Jahr später war die Hälfte aller Boeing-Beschäftigten weiblich!
Nachdem erste B-17C bereits 1941 bei der britischen Royal Air Force eintrafen und an den Kampfhandlungen teilnahmen wurden die ersten B-17E »Flying Fortress« der amerikanischen Luftwaffe im Mai 1942 in Großbritannien stationiert und griffen ab August des Jahres mit Tagesbombardements in den Luftkrieg über Europa ein. Zum Mythos wurden die Bomber nicht zuletzt auf Grund ihrer robusten Konstruktion die unzähligen alliierten B-17-Besatzungen das Leben rettete. So kehrte »Werewolf« am 27. Januar 1942 nach einem Bombardement von Brest an der französischen Atlantikküste mit nur noch einem laufenden Motor zu seiner britischen Basis zurück. Ein weiteres Beispiel für die sprichwörtliche Unverwüstlichkeit der B-17 war die am 17. Oktober 1942 tatsächlich in Flammen stehende »Flaming Jenny«, die ihre Besatzung rettete indem sie, obwohl von 2.000 Kugeln durchsiebt, ohne den abgeschossenen linken Außenflügel sowie den ebenfalls fehlenden Motor #1 von einem Einsatz über Nordfrankreich sicher zu ihrer britischen Basis zurückflog.
Ein ganz besonderes Kapitel der B-17-Geschichte waren die sieben, von den schwedischen SAAB-Flugzeugwerken zu »Felix«-Passagierflugzeugen umgerüsteten Boeing B-17G und B-17F. Schweden, Großbritannien und die USA wurden sich einig, dass diese Flugzeuge auf einer gefährlichen Kurierroute zwischen Schweden und Schottland zum Einsatz kommen sollten. Ein besonderes »Schwerter zu Pflugscharen«-Projekt inmitten des Zweiten Weltkriegs war geboren. Als neutrales, von Bombenangriffen verschontes Land, konnte Schweden seine Industrieproduktion ohne größere Einschränkungen auch in Kriegszeiten fortsetzen. Darunter High-Tech-Bauteile die im alliierten Großbritannien dingend benötigt wurden – wie beispielsweise Kugellager. Auf dem Seeweg war die Verbindung zwischen Schweden und Großbritannien seit der Besetzung Dänemarks und Norwegens durch Nazideutschland gekappt. Blieb also nur der Luftweg als gefährliches, doch

Im Rahmen der Restaurierung erhielt die einstige »Felix« der Danish Air Lines mit dem zivilen Kennzeichen OY-DFA auch wieder ihre ursprüngliche »Nose Art« aus Kriegstagen. (Foto: © Stefan Köhler)

Eine B-17 kurz nach der Notlandung auf dem Flughafen Malmö-Bulltofta am 11. April 1944. Aus ihr wurde spätere die SE-BAO »Bob«.
(Foto: © Saab Veteran Club)

Im Air Force Museum in Dayton, Ohio, ist diese einstige »Felix« B-17 ausgestellt. Sie wurde in den 70er- und 80er-Jahren im Rahmen einer Restaurierung in ihre ursprüngliche Form als B-17G-35-BO »Shoo Shoo Shoo Baby« zurückverwandelt.
(Foto: © Stefan Köhler)

Anflug einer B-17 auf die Dyess Air Force Base bei Flugschau im Jahr 2015. Solche Vorführungen sind immer ein Spektakel. (Foto: © Balon Greyjoy, CC0)

Zwei Legenden des Zweiten Weltkrieges in enger Formation: B-17 und eine P-51D Mustang. Bei Einsätzen dienten die wenigen Jäger als Eskorte zum Schutz der Bomber.
(Foto: © Tony Hisgett, CC BY 2.0)

Insgesamt wurden 12.726 Exemplare der B-17 hergestellt. Zweifellos ist die Maschine der berühmteste Bomber des Zweiten Weltkrieges. (Foto: © Balon Greyjoy, CC0)

mit etwas Glück zu passierendes Schlupfloch für kriegswichtige Transporte. Wie gerufen kamen in dieser prekären Situation die Boeing B-17 »Flying Fortress«, von denen im Kriegsverlauf 68 Stück in Schweden notlandeten. Treibende Kraft hinter dem Projekt war der ab Frühjahr 1944 in Stockholm stationierte U.S.-Militärattaché Felix Hardison. Er überzeugte schließlich die Verantwortlichen der U.S. Army Air Force und des State Department in Washington D.C. von der Idee die sieben B-17 sowie zwei Ersatzteilspender im Tausch gegen die internierten US-Besatzungen an Schweden auszuleihen. In Anerkennung seiner Vermittlungsbemühungen erhielten die umgerüsteten Flugzeuge seinen Vornamen als Typenbezeichnung und hießen fortan »Felix« – oder kurz »Typ F«. Eine dieser ungewöhnlichen B-17 ist erhalten geblieben. Nach Einsatz bei der dänischen Fluglinie DDL, als Transporter bei der dänischen Luftwaffe und dem in Paris ansässigen »Institute Geographique National« wurde sie zunächst am 15. Juli 1961 auf dem Flugplatz Creil ausgemustert ihrem Schicksal überlassen. Zehn Jahre später rettete ein australischer Luftfahrthistoriker den bereits stark beschädigten Oldtimer vor dem endgültigen Verfall indem er seine Entdeckung der amerikanischen »91st Bomb Group Memorial Association« meldete. Nachdem die französische Regierung die Maschine 1971 als »Geste der Freundschaft« den USA übereignet hatte konnte die Rettungsaktion der B-17G-35-BO »Shoo Shoo Shoo Baby« durch Veteranen jener US-Einheit beginnen, der sie im März 1944 fabrikneu zugeteilt wurde. Heute steht die einstige »Felix« als letzte flugfähige B-17G, die aktiv am Kriegsgeschehen des Zweiten Weltkriegs teilnahm in der »Air Power Gallery« des United States Air Force Museums.

Technische Daten Boeing B-17G

Länge: 22,80 m
Spannweite: 31,60 m
Flügelfläche: 131,92 qm
Höhe: 5,85 m
Antrieb: 4 x Curtiss Wright R-1820-97 »Cyclone« Sternmotoren
Leistung: 4 x 1.215 PS
Leergewicht: 16.400 kg
Max. Startgewicht: 29.700 kg
Geschwindigkeit: ca. 300 km/h
Reichweite: ca. 3.000 km (beladen)

Die robuste Bauweise der »Fliegenden Festungen« rettete vielen Besatzungen das Leben. Selbst stark beschädigt kehrten sie oft noch zurück. (Foto: © Hanc Tomasz, CC BY-SA 3.0)

Täglicher B-52H Routine-Flugbetrieb auf der Minot Air Force Base im US-Bundesstaat North Dakota.
(Foto: © U.S. Air Force / Airman 1st Class J.T. Armstrong)

Nicht alltäglicher Vorbeiflug einer B-52 am Flugzeugträger USS »Nimitz« im April 2008. Eskortiert wird sie dabei von zwei F/A-18 »Hornets« der U.S. Navy.
(Foto: © U.S. Navy)

Das noch analoge Cockpit einer Boeing B-52 vor ihrer Nachrüstung mit modernen Computersystemen und Bildschirmanzeigen. (Foto: © NASA)

Arbeitsplatz der beiden Navigatoren/Waffensytemoffiziere an Bord einer B-52H »Stratofortress«. (Foto: © U.S. Air Force)

SUPERBOMBER

BOEING B-52 »STRATOFORTRESS«
Die Unverwüstliche

Auch 67 Jahre nach dem Erstflug ihres Prototyps ist die Boeing B-52 mit 76 einsatzbereiten Maschinen Rückgrat der strategischen Bomberflotte der Vereinigten Staaten – und wird es nach aktuellen Planungen auch bis zum Jahr 2050 so bleiben! Die B-52 ist in der Lage eine Vielzahl an Mustern amerikanischer Lenkkörper und Bomben aus großer Höhe abzusetzen.
Das im Rumpf und unter den Tragflächen verstaute Waffenarsenal umfasst dabei frei fallende Gravitationsbomben, Waffen für Flächenbombardements, Präzisionslenkwaffen und Direkt-Angriffs-Munition.
Die erste B-52A ging im Jahr 1954 bei der U.S. Luftwaffe in Dienst gefolgt von dem weiter entwickelten »B«-Modell im Jahr darauf. Insgesamt wurden 744 B-52 gebaut von denen die »jüngsten« die 102 gebauten »H«-Modelle waren, die zwischen Mai 1961 und Oktober 1962 an das »Strategic Air Command« ausgeliefert wurden. Die achtmotorigen Maschinen wurden von den Vereinigten Staaten bei so gut wie jedem militärischen Konflikt seit dem Vietnamkrieg eingesetzt in den die ersten B-52F im Juni 1965 erstmalig im Rahmen der »Operation Arc Light« mit Bombardements eingriffen.
Die derzeit von der U.S. Air Force verwendete Boeing B-52H verfügt über eine Marschgeschwindigkeit von Mach 0.84 und ist in der Lage in einer Flughöhe von rund 15.000 Metern konventionelle wie atomare Waffensysteme auf ihren globalen Missionen als tödliche Last in die Zielgebiete zu tragen. Allein während der »Desert Storm«-Offensive im Zweiten Golfkrieg des Jahres 1991 unterstützten B-52 Verbände den Vormarsch der von den USA angeführten Koalition gegen den Irak indem sie Flächenbombardements des feindlichen Geländes durchführten und dabei 40 Prozent der von alliierten Flugzeugen abgeworfenen Munitions-Tonnage in die Kampfzone flogen. Maschinen dieses Typs kamen in jüngerer Vergangenheit auch auf 1.800 Missionen beim Kampf gegen den Islamischen Staat im Irak und Syrien zum Einsatz.
Die B-52 der U.S. Air Force leisten aber auch Einheiten der U.S. Marine bei Aufklärungs-Einsätzen gegen feindliche Schiffsverbände Unterstützung oder werfen Seeminen ab. Während einer zweistündigen Mission können zwei B-52 ein Meeresgebiet von 364.000 Quadratkilometern Ausdehnung kontrollieren. Alle B-52H sind mit einem Elektro-Optischen-Sichtsystem und Nachtsichtbrillen für die Piloten zur Verbesserung der Lageerkennung ausgestattet was zu einer Verbesserung der Einsatzfähigkeit und Flugsicherheit des Waffensystems führt. Die heutigen B-52H wurden über die Jahrzehnte stets modernisiert und auf den technologisch aktuellsten Stand ihrer Zeit gebracht. Doch eines hat sich nie geändert: ihre acht Pratt & Whitney TF33-Triebwerke deren Design auf die fünfziger Jahre zurückgeht. Sie waren bereits eine Verbesserung gegenüber den J57-P-19W aus den 40er-Jahren mit denen frühere Versionen der B-52 ausgerüstet waren, doch blieb es beim »H«-Modell bei der Verwendung der aus heutiger Sicht technologisch veralteten und Sprit fressenden Turbofans erster Generation. Mehrfach gab es Überlegungen die acht Motoren je Flugzeug durch eine geringere Anzahl großer Mantelstromtriebwerke wie dem Rolls-Royce RB 211 zu ersetzen. Allerdings sprachen stets die damit verbundenen erheblichen Kosten gegen einen Austausch der ursprünglichen TF33 – und somit kamen diese Pläne nie zur Verwirklichung. Dass sich die amerikanische

Luftwaffe nicht von ihrem betagten Bomber trennen kann hängt keineswegs mit einer sentimentalen Verbundenheit zur B-52 zusammen wie man vielleicht meinen könnte. Vielmehr ist keines der bisher als Ablösung vorgesehenen Muster in der Lage gewesen so viele unterschiedliche Waffensysteme zu transportieren wie eine B-52. Weder der Tarnkappenbomber B-2 »Spirit«, noch der Schwenkflügelbomber B-1 »Lancer«. Zudem ist der achtmotorige Flugveteran bislang die einzige fliegende Startplattform für strategische Marschflugkörper der amerikanischen Luftwaffe. Dies sind die primären Gründe, warum die B-52 wahrscheinlich noch bis 2050 im militärischen Einsatz stehen – und vielleicht sogar noch das hundertjährige Erstflug-Jubiläum des B-52-Prototyps im Jahr 2052 als aktiver Bomber der U.S. Air Force erleben werden. Erst der in augenblicklich noch in Entwicklung befindliche und ab zirka 2025 zur Verfügung stehende Tarnkappenbomber Northrop Grumman B-21 »Raider« wird ein würdiger Nachfolger der unverwüstlichen B-52 sein und ihre Rolle als strategischer Langstreckenbomber der USA übernehmen. Von diesem noch Geheimnis umwitterten Muster hat die U.S. Air Force mindestens 100 Exemplare bestellt, von denen die ersten Maschinen auf der Ellsworth Air Force Base in South Dakota stationiert werden sollen.

Die B-52H verfügen über eine maximale Reichweite ohne Luftbetankung von 14.162 Kilometer, können jedoch prinzipiell unbegrenzt nach dem erneuten Auftanken in der Luft im Einsatz bleiben – der limitierende Faktor ist hier einzig der Mensch – in diesem Fall die maximale Einsatzdauer einer B-52-Besatzung. Die längste bislang ohne Zwischenlandung geflogene Mission dauerte 34 Stunden und führte vom 2. auf den 3. September 1996 über 25.750 Kilometer von der Barksdale Air Force Base in Louisiana nach Bagdad wo zwei B-52H irakische Kraftwerke und Kommunikationseinrichtungen als Teil der »Operation Desert Strike« mit Marschflugkörpern angriffen. Derzeit befinden sich ausschließlich B-52H für das »Air Force Global Strike Command« der amerikanischen Luftwaffe im Einsatz die auf der Minot Air Force Base in North Dakota beim »5th Bomb Wing« sowie dem »2nd Bomb Wing« auf der Barksdale Air Force Base in Louisiana stationiert sind. Weitere Flugzeuge sind auf dieser Basis der Reserveeinheit »Air Force Reserve Command's 307th Bomb Wing« zugeteilt. Vier weitere Flugzeuge werden als Testmaschinen vorgehalten.

Neben den amerikanischen Streitkräften nutzt die US-amerikanische Weltraumbehörde NASA bis heute diesen Flugzeugtyp für ihre Flugtestprogramme der im Forschungseinsatz die Bezeichnung »NB-52« trägt. Die Geschichte begann im Jahr 1955 mit Übernahme der dritten gebauten B-52A mit dem taktischen Kennzeichen 52-0003 die als letztes gebautes »A«-Modell bis 1969 für die NASA im Einsatz stand und seitdem im »Pima County Air Museum« bei Tucson, Arizona zu besichtigen ist. Ihr folgte 1959 die legendäre B-52B »008« die erst am 17. Dezember 2004 endgültig in den Ruhestand geschickt wurde. Sie war zum Zeitpunkt ihrer Ausmusterung die älteste flugfähige B-52 – verfügte jedoch mit 2.443,8 Stunden über die niedrigste Flugstundenzahl aller damals im Einsatz befindlichen Maschinen. Als RB-52B von Boeing in Seattle gebaut startete sie am 11. Juni 1955 zu ihrem Erstflug. Das zehnte produzierte »B«-Modell wurde zunächst von der U.S. Luftwaffe als Testmaschine genutzt bevor es der NASA zugeteilt wurde um die »003« beim North American X-15-Flugtest-

2002 erwarb die NASA eine zweite B-52 für Flugversuche – 50 Jahre nach dem Erstflug des Musters am 15. April 1952.
(Foto: © NASA / Tony Landis)

Eine B-52H kurz nach dem Start. Man erkennt gut die riesigen Klappen zur Auftriebserhöhung. Diese Maschine wurde später von der NASA übernommen.
(Foto: © NASA / Tony Landis)

Landung auf der Luftwaffenbasis Edwards im Jahr 1996. Über 40 Jahre lang waren die B-52 unverzichtbarer Bestandteil zahlreicher Versuchsprogramme, wie der X-15.
(Foto: © NASA / Tony Landis)

Luftbetankung! Acht durstige Triebwerke verlangen Nachschub – nur so ließ sich die globale Reichweite der B-52 darstellen.
(Foto: © U.S. Air Force / Staff Sgt. Nathan Allen)

Die zweite B-52 der NASA konnte bereits auf ein halbes Jahrhundert im Dienst der U.S. Air Force zurückblicken, als sie im Jahr 2002 von der NASA erworben wurde. (Foto: © NASA / Tony Landis)

Im Jahr 1990 testete man für den »Space Shuttle«-Bremsschirm. Rechts im Flügel die Aussparung für Leitwerke von Testflugzeugen wie der X-15. (Foto: © NASA)

Auf diesem Bild erkennt man den Flügelpylon für das Flugversuchsprogramm des Boeing X-43 Hyperschalljets. (Foto: © NASA / Jim Ross)

programm zu entlasten. So wurde NASA »008« neben der »003« zu einem der beiden B-52 »Mutterschiffen« die für speziell für das X-15-Programm modifiziert und mit einem Pylon zur Aufnahme des Raketenflugzeugs ausgerüstet wurden. Von diesem wurde die X-15 in großer Höhe ausgeklinkt bevor deren Pilot den Raketenmotor in sicherer Entfernung zur B-52 startete und auf bis zu dreieinhalbfache Schallgeschwindigkeit beschleunigte. NASA »008« gelangte auf 140 dieser Missionen zum Einsatz.
Weitere prominente Forschungsprogramme unter Mithilfe der B-52 „008« waren zwischen 1966 und 1974 das flügellose »Lifting Body«-Projekt bei dem der Auftrieb ausschließlich von der Rumpfform des Flugkörpers generiert wurde, oder der Einsatz während der Entwicklung der Fallschirme mit denen die wiederverwendbaren Feststoffraketen des »Space Shuttle« nach der Startphase wieder sicher zur Erde zurück segelten. Auch der Bremsschirm der Raumfähren zur Verkürzung der Ausrollstrecke nach der Landung wurde mit Hilfe von NASA »008« entwickelt. Neben diesen Schlagzeilen trächtigen Programmen flog die B-52B auf unzähligen weiteren Forschungsmissionen und setze Experimentalflugzeuge im Flug ab. Als B-52B der zweiten Flugzeuggeneration war die Maschine mit vier Pratt & Whitney J-57-19 Turbojets ausgerüstet die einen Startschub von maximal 53,4 kN bei Einspritzung von destilliertem Wasser zur Leistungssteigerung entwickelten. Die schwerste von ihr beförderte Außenlast war die zweite gebaute North American X-15 mit einem Gewicht von 24.086 kg. Im Jahr 2002 anlässlich des 50. Erstflugjubiläums der B-52 präsentierte die NASA erstmals ihre B-52H mit dem Kennzeichen 61-0025 die sie bereits im Jahr davor von der U.S. Air Force erhalten hatte. Die Maschine wurde am heutigen Neil A. Armstrong Flight Research Center der NASA auf der kalifornischen Edwards Air Force Base für ihre Forschungsrolle vorbereitet und unter anderem mit einem Pylon als fliegende Startplattform ausgerüstet. Allerdings trennte sich die NASA wieder von ihrer dritten und bis heute letzten B-52 nachdem keine Forschungsprogramme mehr in Sicht waren, die den weiteren Einsatz dieser Maschine gerechtfertigt hätten. 61-0025 wurde daher an die U.S. Air Force zurückgegeben die diese nun als Trainingsobjekt für technisches Personal nutzt.

Technische Daten
Boeing B-52H

Länge: 48,50 m
Spannweite: 56,36 m
Flügelfläche: 371,60 qm
Höhe: 12,40 m
Antrieb: 8 x Pratt & Whitney TF33-P-3/103
Schubkraft: 8 x 75,6 kN
Leergewicht: 83.250 kg
Treibstoffkapazität: 141.610 kg
Bewaffnung: 31.500 kg
Max. Startgewicht: 219.600 kg
Geschwindigkeit: ca. 850 km/h
Flughöhe: 15.100 m
Reichweite: 14.162 km

Die B-1B »Lancer« hält eine Reihe offizieller und inoffizieller Weltrekorde in den Kategorien Geschwindigkeit, Nutzlast, Reichweite und Steiggeschwindigkeit. Auf einer Flugshow im Jahr 2003 gelang es der Besatzung einer B-1B allein 50 Geschwindigkeitsweltrekorde über verschiedene Streckenlängen aufzustellen. (Foto: © U.S. Air Force photo by Staff Sgt. Richard Ebensberger/Released)

Start einer B-1B »Lancer«. Die Nachbrenner liefern Vollschub, die Tragflächen sind vorgeschwenkt für maximalen Auftrieb. (Foto: © U.S. Air Force / Staff Sgt. Marc I. Lane)

Das 2014 modernisierte Flightdeck der B-1B mit großen Bildschirmanzeigen. (Foto: © U.S. Air Force / Staff Sgt. Richard Ebensberger)

Auf dieser Aufnahme erkennt man gut die kleinen Steuerflächen am Bug. (Foto: © U.S. Air Force / Staff Sgt. Richard Ebensberger)

ROCKWELL B-1B »LANCER«
Der Überschall-Superbomber

Zusammen mit der betagten Boeing B-52 und dem Tarnkappenbomber B-2 bildet die seit Oktober 1986 eingesetzte Rockwell B-1B das Rückgrat der amerikanischen Bomberflotte. 62 aktive Maschinen und zwei Testflugzeuge stehen derzeit bei der U.S. Air Force im Dienst. Der Überschall schnelle Schwenkflügelbomber kann mit 34.019 kg zwar im Vergleich zur B-52 rund 2,5 Tonnen mehr Lenkflugkörper und ungelenkte Raketen transportieren jedoch nicht so viele unterschiedliche Waffensysteme wie seine Vorgängerin die aus diesem Grund bis zur Ablösung durch die Northrop Grumman B-21 »Raider« bis zum Jahr 2050 weiter im Dienst verbleiben wird.

Das Rockwell B-1-Programm wurde bereits in den 70er-Jahren gestartet und fand mit dem Erstflug des Prototyps der B-1A am 23. Dezember 1974 seinen damaligen Höhepunkt. Die B-1A konnte im Gegensatz zur nachfolgenden B-1B mit zweifacher Schallgeschwindigkeit fliegen hatte dafür aber eine geringere Reichweite und Nutzlast. Die sich verändernde geopolitische Lage, extrem hohe Stückkosten der Maschinen sowie die parallele Entwicklung der Tarnkappen-Technologie im Flugzeugbau, mit der die B-1A nicht ausgerüstet war, führte schließlich zu dem am 30. Juni 1977 offiziell durch US-Präsident Jimmy Carter verkündeten Programmstopp. Dennoch wurden vier B-1A Prototypen fertiggestellt die im Rahmen eines Forschungsprogramms bis April 1981 auf 350 Flügen getestet wurden und Rockwell auf die erhoffte Serienfertigung der weiter entwickelten B-1B vorbereiteten.

Am 2. Oktober 1981 gab US-Präsident Ronald Reagan dafür mit einem Auftrag über 100 Exemplare des Schwenkflügelbombers den Startschuss. Der erste Prototyp hob im Oktober 1984 zu seinem Erstflug und die erste Serienmaschine wurde im Juni 1985 an die U.S. Air Force ausgeliefert – gefolgt von der operationellen Einsatzbereitschaft des Flugzeugmusters ab 1. Oktober 1986. Das letzte Exemplar der 100 georderten B-1B lieferte Rockwell International am 2. Mai 1988 von seinem Werk im kalifornischen Palmdale an die Luftwaffe aus. Nachdem Boeing im Dezember 1996 die Rockwell-Sparten Luftfahrt, Raumfahrt und Militärtechnik für 3,2 Milliarden US-Dollar gekauft hatte stieg Rockwell International aus dem Flugzeugbau aus und Boeing übernahm die Programmbetreuung der B-1B die von ihren Besatzungen auf Grund der an einem Hundeknochen erinnernden Rumpfform den Spitznamen »Bone« erhielt.

Die mit Tarnkappentechnologie ausgerüstete B-1B ist Dank ihrer variablen Flügelgeometrie in der Lage Ziele im Tiefflug mit Mach 1.2 und angelegten Tragflächen anzugreifen, sich aber auch mit ausgeschwenkten Flügeln beispielsweise der niedrigeren Geschwindigkeit eines vorausfliegenden Tankflugzeugs bei der Luft-zu-Luft-Betankung anzupassen.

Mit einem Stückpreis von 200 Millionen US-Dollar war die B-1B im Jahr 1981 das bis dahin teuerste Beschaffungsprogramm in der Geschichte der amerikanischen Luftwaffe. Seit ihrer Indienststellung ab Oktober 1986 schwankte die Anzahl der tatsächlich eingesetzten Flugzeuge mit den sich ändernden Anforderungen der U.S. Air Force und hat sich bis zum Sommer 2019 auf 62 aktive Maschinen und zwei Testflugzeuge reduziert. Im Jahr 1994 beschlossen die U.S. Streitkräfte die B-1B nicht mehr als Nuklearbomber zu verwenden, rüsteten die Maschinen jedoch erst ab November 2007 bis März 2011 im Rahmen des START-Abrüstungsvertrages für den ausschließlichen Transport konventioneller Waffensysteme um. Das Umrüstungspaket umfasste einerseits die Veränderung der Aufhängungspunkte für Waffen unter den Tragflächen die fortan keine Marschflugkörper mehr aufnehmen konnten, und andererseits das Trennen von Kabelverbindungen die für den Start nuklear bestückter Raketen erforderlich sind.

Die B-1B hält eine Reihe offizieller und inoffizieller Weltrekorde in den Kategorien Geschwindigkeit, Nutzlast, Reichweite und Steiggeschwindigkeit. Auf einer Flugshow im Jahr 2003 gelang es der Besatzung einer B-1B allein 50 Geschwindigkeitsweltrekorde über verschiedene Streckenlängen aufzustellen. Wie die B-52 und B-2 kommen auch die B-1 rund um den Globus in den globalen Kampfgebieten mit amerikanischer Beteiligung zum Einsatz. Vom US-Militär eingeräumt wurde der Einsatz von B-1B im Dezember 1998 zur Unterstützung der Bodentruppen im Rahmen der »Operation Desert Fox« im Irak, 1999 während der »Operation Allied Force« im Kosovo, bei der afghanischen »Operation Enduring Freedom« im Jahr 2001 sowie »Operation Iraqi Freedom« im März 2003. Aber auch bei aktuellen Konflikten, wie dem Kampf gegen den IS im Irak und Syrien fliegen B-1B »Lancer« der U.S. Air Force Kampfeinsätze.

Eine B-1B auf dem Weg zur Startbahn der Ellsworth Air Force Base. (Foto: © U.S. Air Force / Airman 1st Class Anthony Sanchelli)

Technische Daten Rockwell B-1B

Länge: 44,50 m
Spannweite: 41,80 m (ausgeschwenkte Flächen)
24,10 m (eingeschwenkte Flächen)
Höhe: 10,40 m
Antrieb: 4 x General Electric F101-GE-102
Schubkraft: 4 x 136,92 kN
Leergewicht: 86.183 kg
Max. Startgewicht: 216.634 kg
Treibstoffkapazität: 120.326 kg
Max. Gewicht der Bewaffnung: 34.019 kg
Max. Geschwindigkeit: Mach 1.2 auf Meereshöhe
Reichweite: 12.000 km

Die B-1B »Lancer« ist derzeit das Rückgrat der amerikanischen Langstrecken-Bomberflotte. (Foto: © U.S. Air Force / Airman 1st Class Anthony Sanchelli)

Diese Seitenansicht verdeutlicht, dass die B-1B schon über gewisse »Stealth«-Eigenschaften verfügt.
(Foto: © U.S. Air Force / Airman 1st Class James L. Miller)

Eine Maschine des 77th Weapons Squadron hebt am 3. November 2011 zu einer Trainingsmission von der Nellis Air Force Base in Nevada ab. Bei Marschgeschwindigkeit wird ohne Nachbrenner geflogen. (Foto: © U.S. Air Force / Senior Airman Brett Clashman)

Hier zeigt der B-2 Nurflügel-Tarnkappenbomber besonders eindrucksvoll seine futuristisch anmutende Form.
(Foto: © U.S. Air Force / Staff Sgt. Bennie J. Davis)

Von der Seite ähnelt die B-2 »Spirit« einem Falken im Flug. Sämtliche Waffen werden intern mitgeführt. (Foto: © Balon Greyjoy, CC0)

Luftbetankung einer B-2 im Juni 2014 während einer Trainingsmission über dem Nordatlantik. (Foto: © U.S. Air Force / Tech. Sgt. Paul Villanueva II)

Dank ihrer Form und dem konsequenten Einsatz von »Stealth«-Tarnkappentechnologie ist die B-2 für feindliche Radaranlagen so gut wie unsichtbar. (Foto: © U.S. Air Force / Staff Sgt. Jeremy M. Wilson)

NORTHROP GRUMMAN B-2 »SPIRIT«
Der Tarnkappenbomber

Die Northrop Grumman B-2 wurde als universell einsetzbarer Bomber mit Tarnkappentechnologie entwickelt und kann konventionelle wie atomare Sprengkörper in das Zielgebiet tragen. Die erste Maschine wurde der Öffentlichkeit am 22. November 1988 im kalifornischen Palmdale mit dem offiziellen »Roll-Out« aus dem Hangar des U.S. Air Force Plant 42 vorgestellt. Diese offiziell zur Edwards Air Force Base gehörenden Geheimfabrik führte die letzten Systemausrüstungen an den ebenfalls in Palmdale bei Northrop Grumman produzierten B-2 Bombern aus. Im Anschluss an den Erstflug des Prototyps am 17. Juli 1989 übernahm das Flugtestzentrum der Edwards Air Force Base das Zulassungsprogramm des B-2 Flugzeugprogramms. Nach dessen erfolgreichem Abschluss wurde die erste B-2 mit dem Taufnamen »Spirit of Missouri« am 17. Dezember 1993 an die im gleichnamigen US-Bundesstaat gelegene Whiteman Air Force Base ausgeliefert. Sie ist bis heute die einzige operationelle Basis der 20 aktiven B-2 die bislang in Ergänzung zu dem einzigen Testflugzeug hergestellt wurden. Es sollten jedoch noch genau zehn weitere Jahre vergehen bis die Maschinen ihre volle Einsatzfähigkeit erhielten und weitere fünf Jahre bis das »U.S. Air Force Global Strike Command« die Verantwortung für den Einsatz der B-2 vom »Air Combat Command« übernahm.

Mit ihrer Nutzlast von 18 Tonnen verfügt die B-2 über rund die halbe Kapazität der B-1 »Lancer« und kann auch nicht wie diese mit Überschallgeschwindigkeit fliegen. Dank ihres Designs als Nurflügelflugzeug und dem konsequenten Einsatz von »Stealth«-Tarnkappentechnologie ist sie jedoch für feindliche Radaranlagen so gut wie unsichtbar. Dazu tragen neben elektronischen Abwehrsystemen vor allem ihre Bauweise in Verbundmaterialien, spezielle Beschichtungen der Außenhaut und die Auslegung als fliegender Flügel mit einer geringen Radarsignatur bei. Northrop Grumman Integrated Systems ist Hauptauftragnehmer des B-2 Programms, wird jedoch durch ein Kernteam an prominenten Sublieferanten unterstützt das aus Boeing Military Airplanes Co., Hughes Radar Systems Group, General Electric Aircraft Engine Group und Vought Aircraft Industries Inc. besteht. Der erste Tarnkappenbomber der USA besticht nicht nur durch sein futuristisches Design, sondern auch seinen exorbitanten Stückpreis von 1,16 Milliarden US-Dollar!

Die Reichweite der B-2 beträgt auch ohne eine Luft-zu-Luft-Betankung fast 10.000 Kilometer was ihr einen interkontinentalen Aktionsradius verleiht. Im Verlauf der »Operation Allied Force« des Jahres 1999 auf dem Balkan, bei der amerikanische B-2 Verbände für die Zerstörung gut eines Drittels der serbischen Angriffsziele verantwortlich waren, flogen die Maschinen nonstop von Missouri nach Serbien und kehrten ohne Zwischenlandung nach erfolgreichem Einsatz wieder zur ihrer US-Basis zurück. Während das B-2-Waffensystem dabei seine Einsatztauglichkeit unter Beweis stellte folgte im Jahr 2001 der nächste Einsatz im Rahmen der »Operation Enduring Freedom« bei der ein Teil der dort eingesetzten B-2 auf 27 Missionen nonstop von der Whiteman Air Force Base nach Afghanistan – und nach dem Abwurf ihrer Bombenlast wieder in die USA zurück flogen. Dass die B-2 ohne nachzutanken fast überall auf der Welt ihre Zielgebiete erreichen und erst vor dem Rückflug wieder ihre Tanks im Flug füllen müssen macht sie zu einem effizienten Waffensystem das zudem lediglich von zwei Besatzungsmitgliedern – einem Piloten im linken Sitz und einem Missions-Kommandanten neben ihm – geflogen wird. Im Gegensatz dazu erfordert die B-1 »Lancer« eine Mindestbesatzung von vier Crew-Mitgliedern während die B-52 »Stratofortress« sogar von mindestens fünf Soldaten zu bedienen ist.

Die Form der B-2 scheint einem Science Fiction-Film zu entstammen, beruht aber ausschließlich auf physikalischen Gesetzen.
(Foto: © Clemens Vasters, CC BY 2.0)

Technische Daten Northrop Grumman B-2

Länge: 20,09 m
Spannweite: 52,12 m
Flügelfläche: 490 qm
Höhe: 5,10 m
Antrieb: 4 x General Electric F118-GE-100
Schubkraft: 4 x 84,6 kN
Leergewicht: 72.575 kg
Treibstoffkapazität: 75.570 kg
Nutzlast: 18.144 kg
Max. Startgewicht: 152.634 kg
Max. Geschwindigkeit: ca. 1.000 km/h (Unterschall)
Reichweite: 9.600 km
Besatzung: 2 Piloten

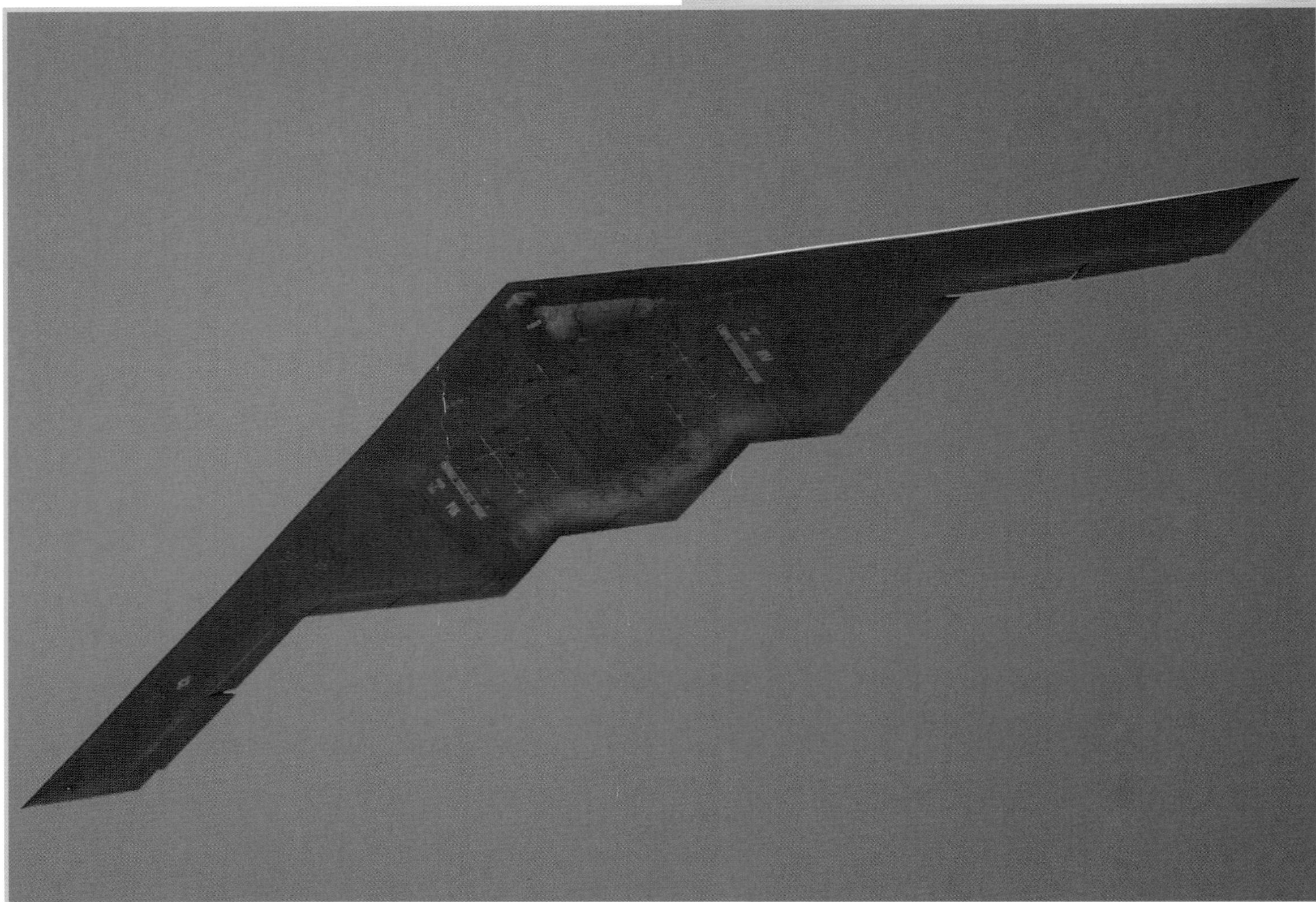

Eine B-2 von unten aufgenommen. Die Triebwerksein- und auslässe sitzen auf der Flügeloberseite, um die Radar- und Infrarotsignatur zu minimieren.
(Foto: © U.S. Air Force / Senior Airman DeAndre Curtiss)